普通高等教育“十二五”规划教材

Java EE 应用开发实训教程

主　编　史　永　崔海源

副主编　徐建军　周瑜龙　孙国福　孙秋凤　黄金凤

内 容 提 要

本书主要介绍了 Java EE 应用开发实训过程，共 3 部分，分别为：Java EE 概述、技术应用实训和 SSH 框架应用实训。“Java EE 概述”部分主要介绍 Java EE 基础知识，帮助读者做好 Java EE 项目开发的准备工作。“技术应用实训”部分从读者比较熟悉的应用实例入手，详细介绍了 4 个实训项目的开发过程。“SSH 框架应用实训”部分对 Struts、Spring、Hibernate 技术进行了介绍，给出了基于 SSH 的 Web 应用开发的一般模式，在此基础上，利用 MyEclipse 平台完成了 2 个实训项目的开发。

本书内容设置贴近实际教学，围绕学生需求展开，样例选择通俗易懂，便于读者独立动手完成实际应用项目开发。

本书既可作为 Java EE 相关课程的配套实训教材，也可作为本科计算机软件方向学生的参考书和课后练习用书。

本书部分代码和 PPT，读者可以从中国水利水电出版社网站以及万水书苑免费下载，网址为：http://www.waterpub.com.cn/softdown/或 http://www.wsbookshow.com。

图书在版编目（CIP）数据

Java EE应用开发实训教程 / 史永，崔海源主编. -- 北京 ：中国水利水电出版社，2013.12（2017.12 重印）
普通高等教育“十二五”规划教材
ISBN 978-7-5170-1591-8

Ⅰ．①J… Ⅱ．①史… ②崔… Ⅲ．①JAVA语言－程序设计－高等学校－教材 Ⅳ．①TP312

中国版本图书馆CIP数据核字（2013）第321624号

策划编辑：石永峰　责任编辑：李　炎　加工编辑：田新颖　封面设计：李　佳

书　名	普通高等教育“十二五”规划教材 Java EE 应用开发实训教程
作　者	主　编　史　永　崔海源 副主编　徐建军　周瑜龙　孙国福　孙秋凤　黄金凤
出版发行	中国水利水电出版社 （北京市海淀区玉渊潭南路 1 号 D 座　100038） 网址：www.waterpub.com.cn E-mail：mchannel@263.net（万水） sales@waterpub.com.cn 电话：（010）68367658（发行部）、82562819（万水）
经　售	北京科水图书销售中心（零售） 电话：（010）88383994、63202643、68545874 全国各地新华书店和相关出版物销售网点
排　版	北京万水电子信息有限公司
印　刷	三河市鑫金马印装有限公司
规　格	184mm×260mm　16 开本　11 印张　278 千字
版　次	2013 年 12 月第 1 版　2017 年 12 月第 3 次印刷
印　数	3001—5000 册
定　价	24.00 元

凡购买我社图书，如有缺页、倒页、脱页的，本社发行部负责调换

前　　言

一本好的教材，基本上奠定了一半的教学效果。好的教学效果，就是满足市场对人才的需求。但长期以来，高校批量培养出的计算机软件专业的学生，不能满足用人单位的需求，在技术基础、职业素养、独立工作能力等方面都有欠缺；同时，应用型本科高校既不是理论研究型也不是高级技工型，如何找到准确的定位，让毕业生能够高层次就业、“即插即用”，这一直是我们思考的问题。鉴于我系承担的全国高等学校教学研究中心的国家级课题“我国高校应用型人才培养模式研究”的计算机类子课题——“基于‘软件工厂’的软件开发人才培养模式”的科研需要，在推动应用型教学改革的深入开展、启动优质教学资源的建设思想指导下，以提高学生的业务水平、动手能力，进而提高学生就业竞争力为目标，我们在软件人才培养的教学计划、教学大纲、教材建设等方面都有所研究和创新，并将“实训教学”作为实现应用型人才培养的重要模式和主要手段。

实训课程，也称大作业或小毕设，不同于仅为验证的实验。我们以此编写的实训教材以项目驱动为主导，模拟企业来运作。实训教材除了要有该门课程的总体概述、实用够用的内容介绍，还要有6～8个不同层次的实训项目，分为A、B、C三个难易等级：C级为入门层次，学生可自主完成；B级为中等层次，学生可根据上下文完成全部项目；A级为高级层次，学生可根据教材提示，实现一定程度的项目独创。实训时间可选择期末或伴随课程进行。实训模式可采用“分组考核，自主学习”相结合的组织模式。学生可选择其中一个项目作为实训成果参加考核答辩，检验学习成果，每个项目可安排15课时左右。所以本教材源于实践，可以满足不同层次学生的需求，内容由浅入深，循序渐进，难易随选。

本书分三个部分共10章，其中第一部分为Java EE概述，讨论了Java EE技术的发展历程、体系结构以及开发平台，并详细讲解了其开发环境配置。读者可以从中了解到Java EE技术的精髓，并掌握Java EE项目开发的准备工作。

第二部分集中介绍了Java EE部分核心技术及其应用实训，共5章。其中第3章讲解了经典的Java EE开发平台的典型开发模式，以及Java EE部分关键技术。在此基础上，从读者比较熟悉的应用实例入手详细介绍了四个实训项目的开发过程，并分别基于JBuilder 2006，Eclipse 3.7，MyEclipse 10进行了实现。通过本部分学习，读者可以掌握典型Java EE开发平台的实际应用技术以及Java EE关键技术的应用。本部分也是基于SSH框架开发的基础。

第三部分讲解了SSH框架编程模式及基于SSH框架的应用实训，共3章。其中第8章就Struts、Spring、Hibernate技术进行了介绍，并给出了基于SSH框架Web应用开发的一般模式。在此基础上，基于MyEclipse平台详细讲解了两个实训项目的开发过程。

Java EE技术非常庞大，要想一次性全部掌握是不现实的。本教程特别定位为面向具备Java语言基础，尝试基于IDE编程的学生；目标侧重于熟悉IDE工具的使用和编程能力的培养；能够基本熟悉开发桌面应用程序和Web程序就可以了。本书项目实例分别以JBuilder 2006、

Eclipse 3.7、MyEclipse 10 作为开发平台；数据库系统采用了 Oracle 10g XE。本书所用的工具和所有的源代码可通过以下地址下载（xk.nnutc.edu.cn/drill）；也可以通过 Email（shiy_tz@163.com）和编者联系。

鉴于计算机学科知识日新月异，加之编者水平有限，书中不当之处，希望读者、专家和同行勿吝指正。

编 者

2013 年 8 月

目　　录

第三部分 SSH 框架应用实训

第一部分 Java EE 概述

Java 语言作为优秀的跨平台、面向 Web 的编程语言，为软件开发模式带来了变革。而 Java EE（Java Enterprise Edition）是建立在 J2SE（Java 2 Platform Standard Edition）的基础上，为企业级应用提供完整、稳定、安全和快速解决方案的 Java 开发平台。它的目标是成为一个支持企业级应用开发的体系结构，简化企业解决方案的开发、部署和管理等复杂问题。事实上，Java EE 已经成为企业级开发的工业标准和首选平台。开发者再也不能够简简单单地将 Java 看成一种编程语言了，其产业和技术链已经渗入到各行各业的企业系统的各个环节。

Java EE 是一个标准而不是一个产品，用来支持各个平台开发商按照 Java EE 规范开发不同的 Java EE 应用。本部分第 1 章首先介绍 Java EE 的前世今生，并结合软件开发体系结构的发展介绍 Java EE 的体系结构以及开发平台。第 2 章集中介绍 Java EE 开发环境的搭建，初步认识 Java EE 应用的开发流程。

学习目标

- 理解 Java EE 技术的发展
- 掌握单层、两层和多层软件系统结构
- 掌握 Java EE 技术框架
- 了解 Java EE 常用开发平台
- 掌握 Java EE 开发的环境

第 1 章 Java EE 平台

Java 是由 Sun Microsystems 公司于 1995 年 5 月推出的 Java 程序设计语言和 Java 平台的总称。Java 平台由 Java 虚拟机（Java Virtual Machine）和 Java 应用编程接口（Application Programming Interface、简称 API）构成。Java 应用编程接口为 Java 应用提供了一个独立于操作系统的标准接口，可分为基本部分和扩展部分。在硬件或操作系统平台上安装一个 Java 平台之后，Java 应用程序就可运行；这使得 Java 程序可以只编译一次，就能在各种系统中运行——显示了 Java 的魅力：**跨平台、动态的 Web 和 Internet 计算**。

为了将 Java 的应用拓展到各个领域中，Sun 推出了三个版本的 Java 2 平台，这就是 J2ME、J2SE 和 J2EE。2006 年，Sun 公司将 J2SE、J2EE 和 J2ME 品牌分别重塑为 Java SE，Java EE 和 Java ME：

Java SE（Java Platform，Standard Edition），Java SE 以前称为 J2SE。它允许开发和部署在桌面、服务器、嵌入式环境和实时环境中使用的 Java 应用程序。Java SE 包含了支持 Java Web 服务开发的类，并为 Java EE 提供基础。

Java EE（Java Platform，Enterprise Edition），以前称为 J2EE。企业版本帮助开发和部署可移植、健壮、可伸缩且安全的服务器端 Java 应用程序。Java EE 是在 Java SE 的基础上构建的，它提供 Web 服务、组件模型、管理和通信 API，可以用来实现企业级的面向服务体系结构（Service-Oriented Architecture，SOA）和 Web 2.0 应用程序。

Java ME（Java Platform，Micro Edition），以前称为 J2ME。Java ME 为在移动设备和嵌入式设备（如手机、PDA、电视机顶盒和打印机）上运行的应用程序提供了一个健壮且灵活的环境。Java ME 包括灵活的用户界面、健壮的安全模型、许多内置的网络协议以及对可以动态下载的连网和离线应用程序的丰富支持。基于 Java ME 规范的应用程序只需编写一次，就可以用于许多设备，而且可以利用每个设备的本机功能。

2009 年，Oracle（甲骨文）收购 Sun，Java 因此并归甲骨文公司。Java 应用编程接口已经从 1.1x 版发展到 1.7 版。甲骨文收购 Sun 后，Java 技术的发展前景一度受到广大开发爱好者的质疑。然而随着甲骨文与 IBM 这对曾经的竞争对手宣布在 OpenJDK 方面展开合作，实质性地推动了 Java 技术发展。

1.1 什么是 Java EE

1.1.1 Java EE 的产生

随着 Java 被应用到了企业、桌面应用程序、Web、移动通信等各个领域，其中覆盖面最广的企业级平台及相关产品被广泛应用到企业中。于此同时，项目开发人员、运维人员的抱怨也一直持续不断，因为它太强大了，强大得让人难以使用；J2EE 中的功能高度集成，无法单独使用其中的一部分。许多 Servlet、Java 数据库和 JSP（Java Server Pages）开发人员一般只使用 J2EE 的某些相关特性，但 J2EE 规范要求必须使用所有特性。为了使程序可以正常运行，开发人员不得不建立一个复杂的工程来满足这些要求。这是因为 Java EE 仍然保持了 20 世纪 90 年代后期的编程方法，J2EE 仍以 API 为中心。

Sun 公司一直在试图改变这一切，但一直未能如愿。2002 年，J2EE 1.4 推出后，J2EE 的复杂程度达到顶点。尤其是 EJB 2.0，开发和调试的难度非常大。Sun 在 2006 年 5 月正式发布了 J2EE 1.5（改名为 Java EE 5）规范，并宣称 Java EE 5 将是 Java EE 史上最简单的版本，将大大降低开发难度并试图简化开发者视图（客户视图），即让开发者能够更方便、高效地使用 Java EE 技术，而不是引入新的 Java EE 容器级的功能。

1.1.2 Java EE 的现状

J2EE 是完全基于 Java 的解决方案。1998 年，Sun 发布了 EJB 1.0 标准，标志着 J2EE 平台的三大核心技术——Servlet、JSP 和 EJB 都已先后问世。1999 年，Sun 正式发布了 J2EE 的第一个版本。紧接着，遵循 J2EE 标准，为企业级应用提供支撑平台的各类应用服务软件相继涌现出来。IBM 的 WebSphere、BEA 的 WebLogic 都是这一领域里最为成功的商业软件平台。随着开源运动的兴起，JBoss 等开源世界里的应用服务新秀也吸引了许多用户的注意力。到 2003 年，Sun 的 J2EE 版本已经升级到 1.4 版，其中 3 个关键组件的版本也演进到了 Servlet 2.4、JSP 2.0 和 EJB 2.1。2013 年，甲骨文公司发布了最新版本 Java EE 7，包括全新的 Web 应用开发方法，如 HTML5、WebSockets、JSON、RESTful 服务，JMS 2.0 和 Servlet 3.1 NIO；以及提升开发者生产力的策略和实现 Java EE 首次批量应用修订。经过将近 10 年的发展，Java EE 已经演变为当前企业的主流计算平台。开发者再也不能够简简单单地将 Java 看成一种编程语言了，其产业和技术链已经渗入到各行各业的企业系统的各个环节。

然而就整体而言，Java EE 平台正处在一个十字路口。现如今，整个 Java SE/Java EE/Java ME 平台已经开源了，这在 Java 发展史上是前所未有的。与此同时，许多开源实体已经参与到许多重要的 Java EE 技术规范的制定工作中，比如 EJB 3.0、3.2 的推出、Java EE 5、6、7 平台的发布。这些讯息也告诉我们，整个 Java EE 平台已经非常成熟，急需找到新的突破口、新的机遇，并进一步去推动自身的发展。无论是 Java EE 规范的制订者、Java EE 容器厂商，还是 Java EE 工具提供者和基于 Java EE 开发的 ISV，开源社区已经在它们身上扮演着非常重要、关键的角色。

1.1.3 Java EE 的发展趋势

现有的 Java EE 技术非常成熟，而且各厂商容器趋于同质化。从甲骨文和 IBM 对 Java 发展的态度和实际支持，结合软件开发技术的发展方向来看，Java EE 将有如下发展趋势：

1. 趋于开源

开源不仅仅是一个形式，其蕴涵的内容非常丰富。对于 ISV 而言，这意味着软件的研发模式需要转变了，尽可能采纳成熟的、主流的开源技术来打造我们的系统。此时，我们不用去关注开源技术的底层实现和维护工作，因为整个开源社区在积极推动这一重要而基础的工作。

因此，我们必须参与到这一开源社区中，并从中吸取到丰富的养分，并使得目标系统的研发速度、质量能够有较大的提升。开源是一种全新的协作模式，而且它也在诠释一种全新的互动模式。比如，一旦用户对某开源技术的某些方面有更好的建议时，整个开源社区便会快速地响应这一需求。

2. 编程更加简便

现如今，POJO 编程模型是主流的开发模型。通俗地说，POJO 的含义是指，开发人员编写的 Java 类不会同 Java EE API 耦合在一起。POJO 的实质是回归到对象的本质，即 OO 编程。所幸，开源社区一直在推动 Java EE 的发展。比如，对于展示层而言，Tapestry 一直在倡导 POJO 编程模型；对于业务层而言，Spring 一直在倡导这一编程模型；对于持久层而言，Hibernate 也一直在倡导 POJO 编程模型。

3. 面向云计算

云计算（Cloud Computing）是分布式计算（Distributed Computing）、并行计算（Parallel Computing）、效用计算（Utility Computing）、网络存储技术（Network Storage Technologies）、虚拟化（Virtualization）、负载均衡（Load Balance）等传统计算机和网络技术发展融合的产物。继个人计算机变革、互联网变革之后，云计算被看作第三次 IT 浪潮，是中国战略性新兴产业的重要组成部分。它将带来生活、生产方式和商业模式的根本性改变，云计算将成为当前全社会关注的热点。

Java EE 7 最显著的一个特点是基于云计算进行设计，满足了平台服务提供商和应用开发者的需求，从而使得移动应用可以被部署在任何基于云的基础设施上，充分感受其在扩展性、弹性、多用户共享方面的优势。可以预见，Java EE 的云计算服务模式即将开启。

1.2 Java EE 体系结构

我们往往会把一个稍微复杂的系统称作某某平台。事实上平台是一个很严谨的词，一个软件系统究竟是不是平台，是由其软件品质决定的，最起码应该具备能够深度驾驭资源、组件；具备用户化的二次开发引擎；支持可视化的程序编辑机制等。

J2EE 是开放的、基于标准的平台，用以开发、部署和管理 n 层结构、面向 Web 的，以服务器为中心的企业级应用。J2EE 提供了一套完整的解决企业级应用的框架方案：如提供了分布式、可移植构件的框架，简化了服务器端中间层构件的设计，为构件与应用服务器提供标准 API 等；获得了业界的广泛支持。

1.2.1 软件体系结构发展

考虑一个应用软件的组成，可以把它分成 3 个基本的方面：①用户界面层，也称为“表示层”，负责创建和控制用户界面，以及验证用户行为等多个部分；②业务逻辑层，也称为“业务规则层”或者是“中间层”，它负责应用程序的运行和处理重要的流程；③数据服务层，也称“数据访问层”，提供读取和存储数据服务。

1. *单层体系结构*

简单的软件系统往往运行在单一计算机上。由应用软件提供的所有服务，包括用户界面、持久数据库访问、处理用户输入的逻辑，以及存储器读取逻辑等都位于一台物理计算机上，而且常常集中在一个应用程序中。因为这种单一模块体系中的所有逻辑应用服务，包括表示层、业务规则层和数据访问层都位于一个单一的计算层次，所以称这种结构为单层体系结构，如图 1-1 所示。

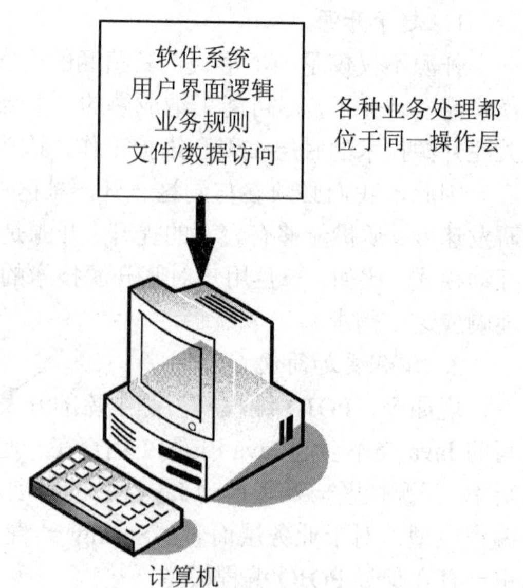

图 1-1 单层软件系统

单层系统相对而言容易管理。由于数据都存放在唯一的地方，所以数据的一致性也很简单。但是，单层系统也有一些缺点。单层系统不能扩展来处理大量用户，也不易于跨企业数据共享。

2. *两层体系结构*

这种情况下，数据库是在应用程序之外运行的另一个进程，甚至它和应用程序物理上是分布式的。此时，数据访问的逻辑组件和应用程序的其他逻辑分开。采用这种方法的好处是把数据集中起来，允许多个用户同时访问同一个数据库。采用集中的数据库服务器还可以分担一些应用软件的运行负载。这种体系结构通常称为“客户端/服务器”结构。无论服务器提供的是数据访问或者其他别的服务，只要存在客户端和服务器的通信，都属于这一体系结构范畴，如图 1-2 所示。

两层体系结构把管理数据以及使用与数据相关的应用逻辑都集中于应用程序自身之中，构成“胖客户端”，当多个应用程序共享一个数据库时，会出现并发控制、访问效率等多种问题。

3. *三层体系结构*

三层体系结构中桌面应用程序只是作为表示层，负责用户界面的展示，也负责与业务逻辑层的通信，但不负责业务规则或数据库访问的部分；业务逻辑层负责将表示层和数据库通过一定的逻辑联系起来，如图 1-3 所示。

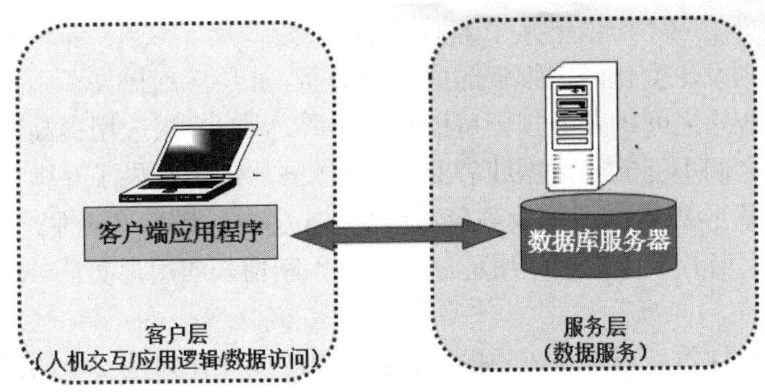

图 1-2　两层体系结构

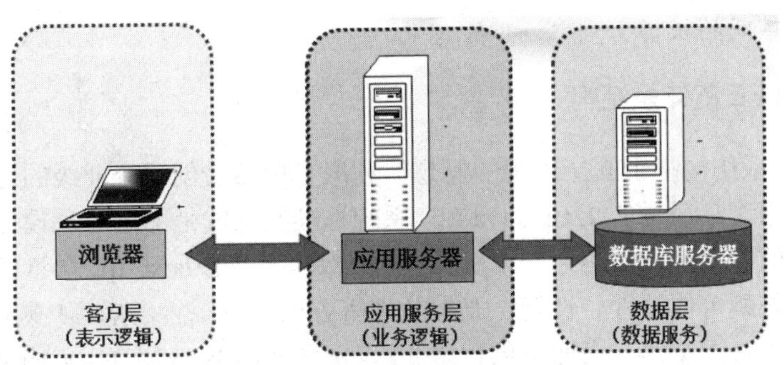

图 1-3　三层体系结构

由于业务逻辑层运行在一台独立服务器上，所以任何用户的应用程序都可以通过网络来使用它的业务规则。当使用这些服务的用户数量增加，并且业务逻辑变得更复杂，对处理器的要求更高时，可以扩展服务器或者增加服务器的数量来满足需求。扩展单台服务器相比修改工作站的程序要简单和经济。

这个体系结构有一个优点，可以直接从应用域获得业务逻辑层的类，方便快捷地建立应用模型。业务逻辑层可以利用真实模型的类来实现（例如 Customers 类），而无需用复杂的 SQL 语句。将实现细节放到合适层，并且利用实际类进行设计，应用程序变得非常易于理解和容易扩展。

4. n 层体系结构

软件体系结构的分层不是固定的，架构师根据系统的计算能力和所部署的网络硬件的不同，可以合理地把系统分成多个层次，如图 1-4 所示。

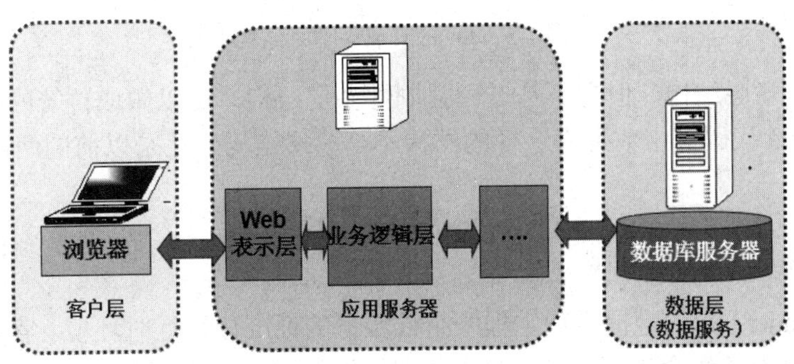

图 1-4　多层体系结构

应用体系结构分层应考虑以下几个方面：

- 当业务规则发生变化时，维护的成本会很高。n 层应用提高了系统的可维护性。
- 不同应用程序之间的业务规则可能存在矛盾之处。n 层应用提高了系统的一致性。
- 应用程序之间不能共享数据或者业务规则。n 层应用提供了互操作性。
- 不能提供基于 Web 方式的业务应用前端。n 层应用具有灵活性。
- 性能不佳，而且不能扩展应用程序以满足不断增长的用户负荷。n 层应用提供了可扩展性。
- 应用的安全性不高或者是矛盾的。n 层应用可以设计为是安全的。

注意：n 层体系结构并不要求应用的每层分别运行在一台机器上。编写一个 n 层应用，完全可以在单独一台机器上运行。n 层应用设计的优点是，按照应用的需求可以划分为不同的层，各层可以部署在不同的机器上。

1.2.2 Java EE 的体系结构

Java EE 的体系结构基于 n 层应用的思想，利用它更容易创建企业级的可扩展的两层、三层甚至多层的应用。高质量的 J2EE/Java EE 系统标准实际就是面向对象设计的标准，松耦合是面向对象设计的主要追求目标之一，解耦性成为衡量 J2EE/Java EE 质量的首要标准。实际开发中，还需要兼顾可伸缩性、性能、开发效率等方面进行综合考虑。J 典型的 Java EE 体系结构包含：客户层（浏览器、桌面应用程序），表示层又叫 Web 层（Servlet（Server+Applet），JSP（Java Server Page）），业务逻辑层（EJB（Enterprise Java Bean）），企业信息系统层又叫数据层（ERP，大型机事务处理，其他遗留信息系统），如图 1-5 所示。

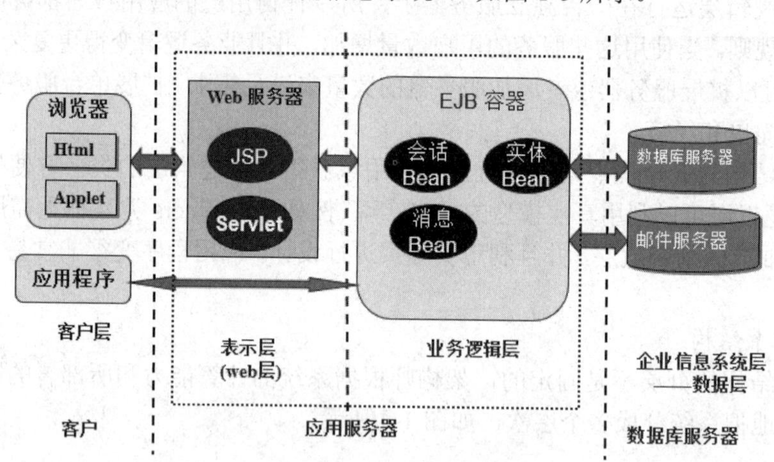

图 1-5 Java EE 典型体系结构

Java EE 虽是多层结构，但它不是一种强制性多层结构，可以做成传统的两层结构。直接使用 JSP 嵌入 Java 代码调用数据库这样的结构不是多层结构，还是以前的两层结构。

1.3 Java EE 的容器

容器（Container）指的是提供特定程序组件服务的标准化运行时环境。容器的作用是为组件提供与部署、执行、生命周期管理、安全和其他组件需求相关的服务。通过这些组件，可以在任何供应商提供的 Java EE 平台上得到所期望的服务。不同类型的容器为它们管理的各种类型的组件提供附加服务。例如 Java EE Web 容器提供响应客户请求、执行请求时间的处理，以及将结果返回到客户端的运行时环境。Java EE 容器还负责管理某些基本服务，诸如组件的生命周期、数据库连接资源的共享、数据持久性等。

容器是 Java EE 体系结构中的重要部分。正如房屋为居民提供水管和电力一样，Java EE 容器为应用程序提供基础设施。容器就像这所房子的房间，房间里有人或其他物品，可以通过预先布置好的接口同基础设施进行交互。在应用服务器中，Web 组件和业务组件位于容器里，通过预先定义好的接口和 Java EE 基础平台进行交互。

一般地，软件开发人员只要开发出满足 Java EE 应用需要的组件并能将其安装在容器内即可。程序组件的安装过程包括设置各个组件在 J2EE 应用服务器中的参数，以及设置 Java EE 应用服务器本身。这些设置决定了在底层由 Java EE 服务器提供的多种服务（例如，安全、交易管理、JNDI 查询和远程方法调用等）。

Java EE 的服务端容器也有同样的作用：提供明确定义的接口和服务，让应用开发者不必担心“水管和电线”这样的基础结构，可以集中精力解决业务问题。容器主要处理服务器端服务的启动、应用逻辑的执行，以及组件的清理等过程。Java EE 组成一个完整企业级应用，将不同部分纳入不同的容器（Container），每个容器中都包含若干组件（这些组件需要部署在相应容器中），同时各种组件都能使用各种服务和接口。

Java EE 容器包括：

- Web 容器：服务器端容器，包括两种组件 JSP 和 Servlet。JSP 和 Servlet 都是 Web 服务器的功能扩展，接受 Web 请求，返回动态的 Web 页面。Web 容器中的组件可使用 EJB 容器中的组件完成复杂的商务逻辑。
- EJB 容器：服务器端容器，包含的组件为 EJB（Enterprise Java Bean），是 Java EE 的核心之一，主要用于服务器端的商业逻辑的实现。EJB 规范定义了一个开发和部署分布式商业逻辑的框架，可以简化企业级应用的开发，使其较容易地具备可伸缩性、可移植性、分布式事务处理、多用户和安全性等优点。
- Applet 容器：客户端容器，包含的组件为 Applet。Applet 是嵌在浏览器中的一种轻量级客户端。当使用 Web 页面无法充分地表现数据或应用界面的时候才使用 Applet。Applet 是一种替代 Web 页面的手段，人们仅能够使用 Java EE 开发 Applet。Applet 无法使用 Java EE 的各种服务和接口，这是出于安全性的考虑。
- Application Client 容器：客户端容器，包含的组件为 Application Client。Application Client 相对 Applet 而言是一种较重量级的客户端，能够使用 Java EE 的大多数服务和接口。

通过这 4 类容器，Java EE 能够灵活地实现前面描述的企业级应用的架构。在视图部分，Java EE 提供了 3 种手段：Web 容器中的 JSP（或 Servlet）、Applet 和 Application Client，分别能够实现面向浏览器的数据表现和面向桌面应用的数据表现。Web 容器中的 Servlet 是实现控制器部分业务流程控制的主要手段。EJB 则主要针对模型部分的业务逻辑实现。至于与各种企业资源和企业级应用的连接，则是依靠 J2EE 的各种服务和 API。

约定：文中 Java EE 客户端既可以指一个用 Java 编写的控制台（文本的）应用，或者是一个用 Java 基础类库（JFC）和 Swing 或者 AWT 编写的 GUI 应用程序；也可以是基于 Web 方式的客户端。

1.4 Java EE 开发平台

Java 的开发工具主要有文本编辑器和集成开发环境两类，其中**文本编辑器**提供了文本编辑功能，如 UltraEdit 和 EditPlus 等。**集成开发工具**提供了 Java 的集成开发环境，为那些需要集成 Java 与 J2EE 的开发者、开发团队提供对 Web Applications、Servlet、JSP、EJB、数据访问和企业应用的强大支持；如 JBuilder、WebGain、WebSphere Studio、VisualAge for Java 和 Eclipse 等。本教程分别使用了 JBuilder，Eclipse，MyEclipse 等多种开发平台。

1.4.1 集成开发环境 IDE

一般认为 JBuilder 比较适合初学者，易于开发桌面程序；而 Eclipse 当前大有一统天下的局势。当我们进行应用项目开发的时候，具体的工具平台选择因人而宜。有人曾经做过一个比较（满分 10 分；权重数值为 0～1 的浮点数，表明对开发影响），见表 1-1。

表 1-1 平台比较

项目（权重）	Eclipse		JBuilder	
	描述	得分	描述	得分
成本(0.4)	完全免费	10	一笔不小的开支	0
资源文件管理(0.7)	与系统文件目录直接映射	4	采用与系统目录映射和视图映射两种方法，并提供过滤器	6
模拟器配置(0.9)	需要EclipseME插件支持导入模拟器SDK，问题较多	2	直接指定模拟器 SDK 即可，问题较少	8
源代码编辑(0.8)	功能强大的自动完成辅助，Bug 较少，快捷键方便智能，错误审查提示明显，并提供智能纠错	8	代码量增大后容易出现 Bug，智能度不高，且有时智能过滤方法辅助会妨碍代码的编写	2
外部工具支持(0.6)	只能通过编写 Build 脚本进行外部调用，虽然是手动编写，但脚本并不复杂	3	JBuilder 提供 External Task Build，可以方便地实现调用外部工具构建项目，修改方便，无须手动编写脚本	7
打包(0.8)	利用 Ant 提供的功能来实现，配置文件的自动生成不尽如人意，手动编写效率较低	1	支持打包的绝大部分配置需求，且方便直观	9
混淆(0.4)	利用 Ant 提供的混淆与打包功能来实现，生成 Buildfile 时较麻烦	2	JBuilder 自带了RetroGuard，且仅可以使用RetroGuard。但不需要手动写执行参数，混淆很方便	8
得分汇总		18.4		27.6

需要特别指出的是，JBuilder 2008 版本内核已经采用了 Eclipse 架构；所以对于初学者来讲，我们一般建议使用 JBuilder 2006 作为开发平台，藉此来集中关注 J2EE 平台技术和开发技巧的练习。

1.4.2 应用服务器

Web 服务器主要是处理静态页面处理和作为 Servlet 容器，解释和执行 Servlet/JSP，而应用服务器是运行业务逻辑的，主要是 EJB、JNDI 和 JMX API 等 J2EE API 方面的，还包含事务处理、数据库连接等功能，所以在企业级应用中，应用服务器提供的功能比 Web 服务器强大得多。

根据各种市场调查报告，目前，BEA 公司的 WebLogic 服务器和 IBM 的 WebSphere 服务器在 J2EE 应用服务器市场中占据绝对主导地位，紧随其后的主要是 Oracle 公司产品。同时，JBoss 作为一个开放源码应用服务器产品，在企业环境中正扮演着相当重要的角色。

1.4.3　Web 服务器

IIS、Apache、Tomcat 都属于 Web 服务器，WebLogic、WebSphere 都属于应用服务器。Tomcat 是提供一个支持 Servlet 和 JSP 运行的容器。Servlet 和 JSP 能根据实时需要，产生动态网页内容。而对于 Web 服务器来说，Apache 仅仅支持静态网页，对于动态网页就会显得无能为力；Tomcat 则既能为动态网页服务，同时也能为静态网页提供支持。

一般来说，大的站点都是将 Tomcat 与 Apache 相结合，Apache 负责接受所有来自客户端的 HTTP 请求，然后将 Servlet 和 JSP 的请求转发给 Tomcat 来处理。Tomcat 完成处理后，将响应回传给 Apache，最后 Apache 将响应返回给客户端。

1.4.4　数据库服务器

本教程使用了 Oracle 10g XE 数据库系统，Oracle 是以方案为单位进行数据库管理的，一般可理解成一个用户名为一个方案，新建一个用户就是新建一个方案。

Oracle 10g XE 的安装文件，读者可自行下载（www.oracle.org），安装过程可参考如下步骤。Oracle 安装默认用户名为 System 或 SYS，请记住自行设定的密码；然后以 System 或 SYS 登录。新建一个用户，也就是新建一个方案，过程如下：

（1）以 System 登录 Oracle XE 控制台，新建一个用户，如图 1-6 所示。

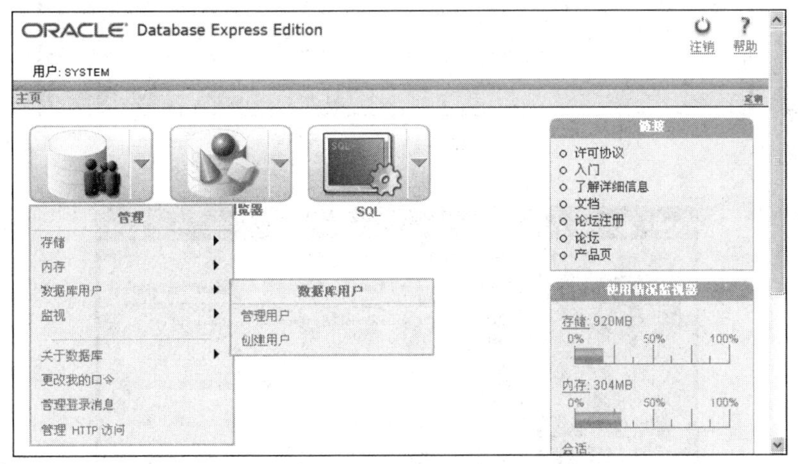

图 1-6　System 新建用户

（2）新建用户 shiy，并进行角色授权，如图 1-7 所示。

以新建的用户名登录，就可以进行数据表创建，请参考第 2 章内容。JBuilder 要在项目中使用 Oracle 10g XE 数据库，还需要以下三个步骤：

第一步：选择 Tools→Configure→Libraries，打开 Configure Libraries 对话框，如图 1-8 所示；单击 new 按钮，打开 New Library Wizard，选择 ojdbc.jar 类库，如图 1-9 所示。

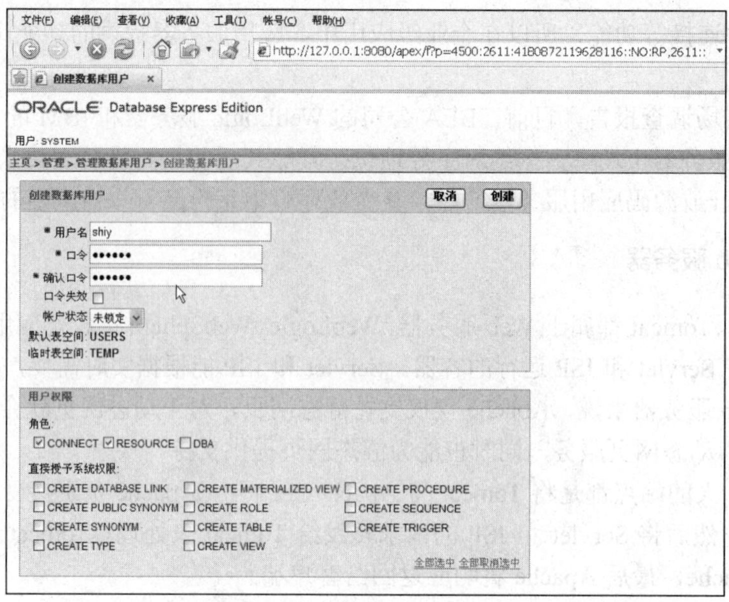

图 1-7 创建用户 Shiy

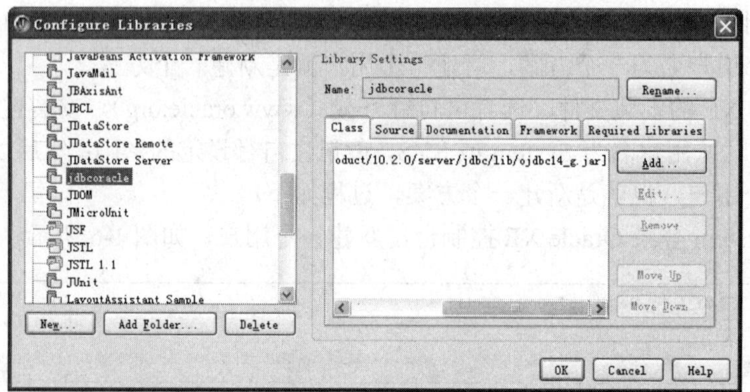

图 1-8 配置库

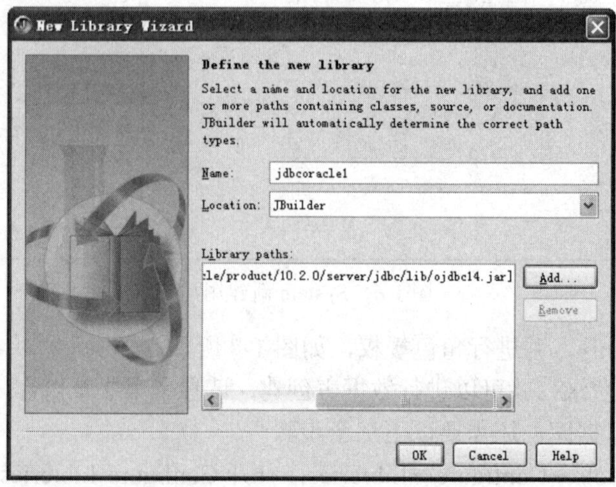

图 1-9 新建库

第二步，选择菜单 Enterprise→Enterprise Setup，在打开对话框中单击 Database Drivers，单击 Add 按钮，添加刚才建立的库配置文件，结果如图 1-10 所示。

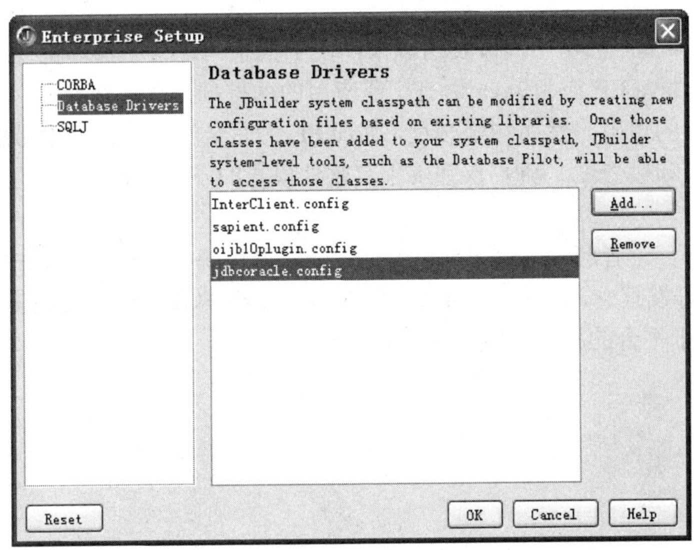

图 1-10　添加新建数据库库驱动

第三步：选择菜单 Project→Project Properties，在打开对话框中选择 Required Libraries 选项卡，单击 Add 按钮，添加 jdbcoracle 类库，结果如图 1-11 所示。

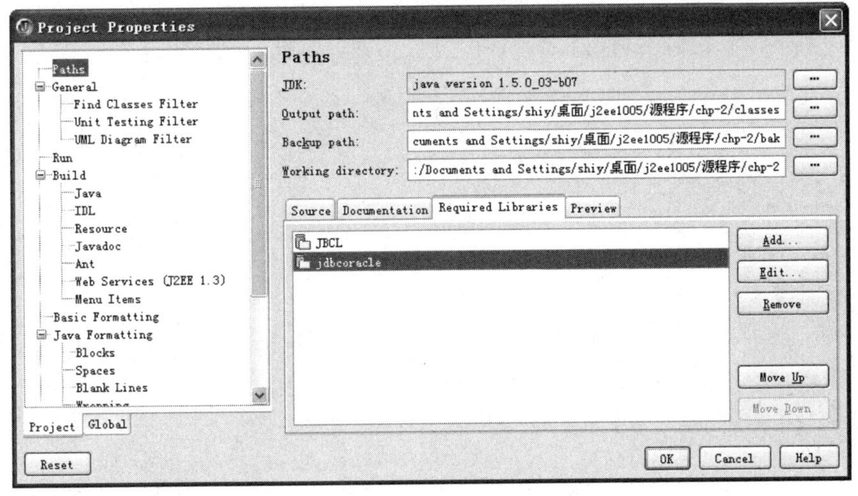

图 1-11　项目属性设置

如图 1-9，图 1-10，图 1-11 所示，事实上是 JBuilder 使用第三方类库的过程。JBuilder 会自动将 JDK 类库加入到开发环境中，所以你可以在 Java 程序中直接用 import 语句引用需要的 JDK 包，但第三方或其他开发的类库则需要手工添加到工程的类库中。JBuilder 提供了丰富的标准 JDK 类库外的其他常用类库，如图 1-8 左半部分所示；但 JBuilder 类库并不会直接加入到工程扩展类库中，也即开发人员必需手动将 JBuilder 中的某个具体类库添加到工程扩展类库中后，工程中的程序才可以引用这些类库，如图 1-11 所示。当需要添加一个非 JBuilder 提供的 JDK 类库和其他常用类库时，就需要新建一个类库条目，如图 1-8 右半部分所示。

1.5 本章小结

Java 语言自 20 世纪 90 年代被发明以来，由于其小巧、跨平台等特性迅速成为网络程序设计的热门语言。Java EE 作为 Java 语言广泛应用的助推剂，在软件架构、平台工具、应用模式等方面做了相应的规范。然而物极必反，Java EE 大而全的开发目标附带的复杂技术环节一度影响了它的推广和接受度。随着软件工程及软件模式的发展，Java EE 的重要目标之一就是易用和高效率。

通过本章学习，读者应对 Java EE 平台有一个整体认识；理解 Java EE 的多层体系结构以及基于“容器”的开发理念，在此基础上掌握 Java EE 平台的容器分类及相应软件；进而为 Java EE 环境配置及基于平台的应用开发打下理论基础。

第 2 章　Java EE 开发环境

2.1　JDK 配置

JDK（Java Development Kit）是 Java 的核心，包括了 Java 运行时环境、Java 工具和 Java 基础类库。正确安装和配置 JDK 是开发 Java EE 的基础，步骤如下：

1. 下载 Java EE JDK

下载 Java EE SDK (with JDK 7u40)或更高版本，网址为 http://www.oracle.com/technetwork/java/Java EE/downloads/index.html（官网主页下载）。

注意：JDK 以及后续 Tomcat 等软件都推荐到其主页下载；防止恶意及病毒链接。

2. 运行安装过程

按照安装向导，运行刚刚下载的安装程序进行正式安装（以下假设安装于 C:\Program Files\Java\jdk1.7.0_07）。

3. 设置运行环境参数

（1）如果是 Windows 2000/XP 系统：

右击“我的电脑”→“属性”→“高级→“环境变量”，然后选择“系统变量”→“新建”→“变量名”（参考图 2-1 到图 2-3 所示），新建内容如下：

- 新建系统变量 JAVA_HOME 变量值：C:\Program Files\Java\jdk1.7.0_07；
- 新建系统变量 CLASSPATH 变量值：.;%JAVA_HOME%\lib;
- 选择系统变量 Path，在其变量值的最前面加上：%JAVA_HOME%\bin。

（2）如果是 Windows Vista/7/8 系统：

右击“计算机”→“属性”→“高级系统设置”→“高级”→“环境变量”，选择“系统变量”→“新建”→“变量名”，新建内容如下：

- 新建系统变量 JAVA_HOME 变量值：C:\Program Files\Java\jdk1.7.0_07，如图 2-1 所示；

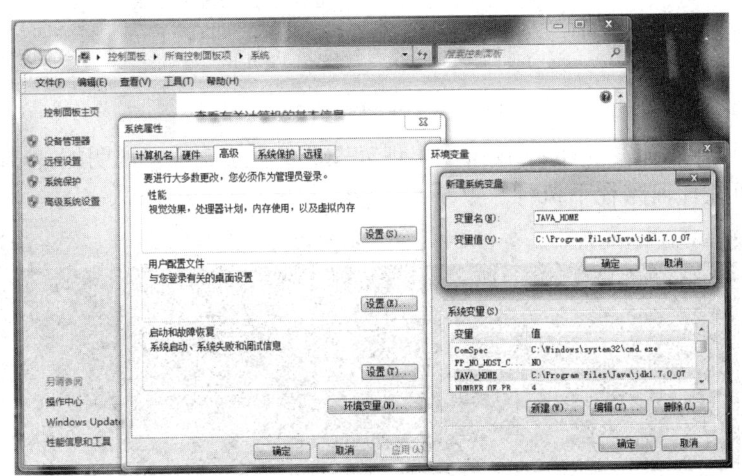

图 2-1　新建系统变量 JAVA_HOME

- 新建系统变量 CLASSPATH 变量值：.;%JAVA_HOME%\lib，如图 2-2 所示；

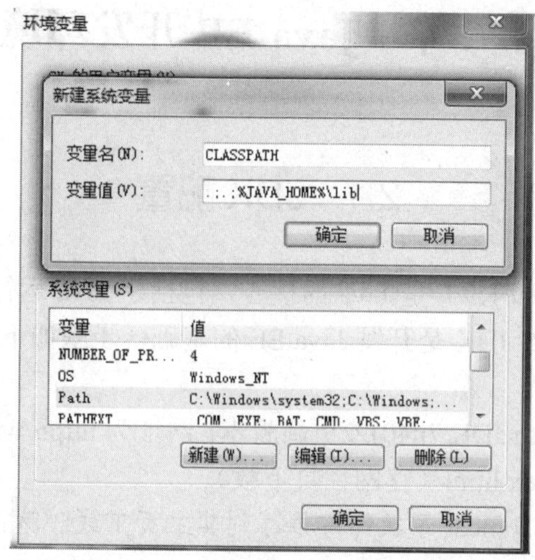

图 2-2 新建系统变量 CLASSPATH

- 选择系统变量 Path，在变量值的最前面加上：%JAVA_HOME%\BIN，如图 2-3 所示。

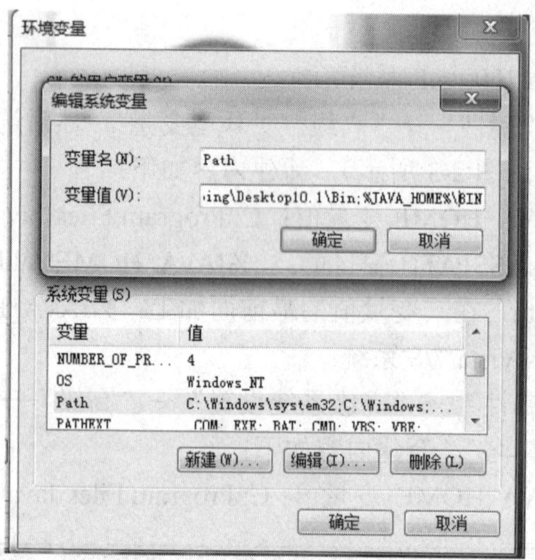

图 2-3 修改系统变量 Path 值

4. 测试 JDK

在 DOS 窗口输入命令 java -version，出现如图 2-4 所示画面，说明配置成功；Java 命令作为系统命令，可在任何路径下执行。

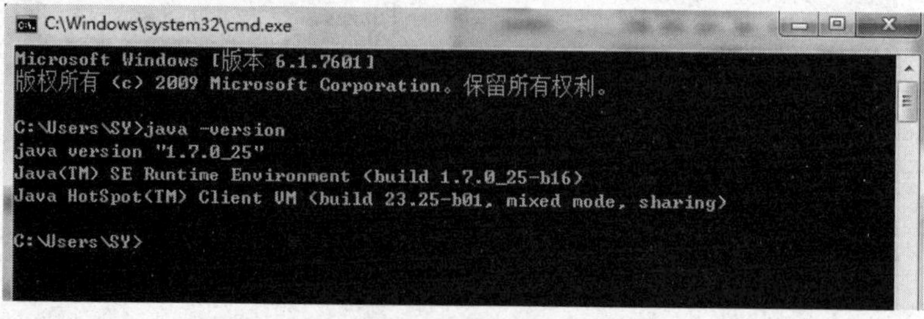

图 2-4 测试 JDK

2.2　Web 服务器配置

Tomcat 是 Apache软件基金会（Apache Software Foundation）的 Jakarta 项目中的一个核心项目，由 Apache、Sun 和其他一些公司及个人共同开发而成。Tomcat 技术先进、性能稳定，而且免费，因而深受 Java 爱好者的喜爱并得到了部分软件开发商的认可，成为目前比较流行的 Web 应用服务器。其安装、配置步骤如下：

1. 下载 Tomcat

到 Apache 主页选择 Tomcat 软件，一般选择比较成熟的版本，网址如图 2-5 所示，下载地址为 http://tomcat.apache.org/download-70.cgi。读者可以选择压缩版本（免安装版）或二进制版本（在线安装版），本书推荐二进制版本下载安装。

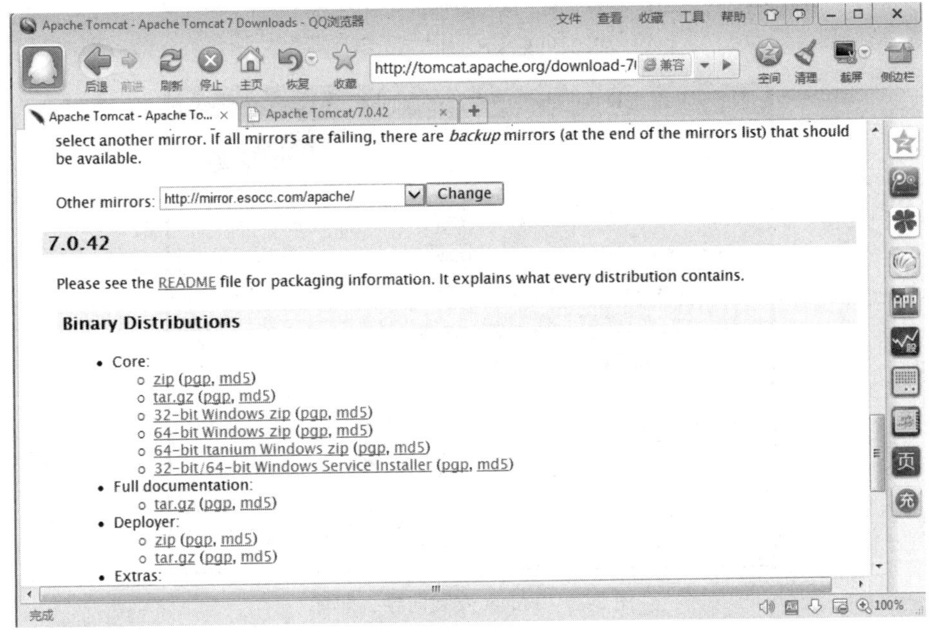

图 2-5　Tomcat 下载页

2. 运行安装

依据安装向导，其二进制版本安装步骤如图 2-6 到图 2-9 所示，在图 2-7 中，推荐修改默认的端口值（8080）。

注意： HTTP（基于 TCP 协议）访问端口是客户端软件访问服务器软件的接口。单台服务器可以部署多个 Tomcat 服务；同时 8080 端口有可能已经被其他软件占用，从而造成 Tomcat 服务启动不成功。建议此处 HTTP 访问端口修改为读者自己的端口号。

安装向导第 2 步骤还需要设置系统服务名称、用户名、密码及用户角色；接下来确认 Java 虚拟机版本，根据向导提示，建议选择安装最新版本，如图 2-8 所示。

3. 测试主页

安装完成后需要测试是否安装成功，打开 IE 地址栏输入 http://localhost:8099/测试（或者通过系统菜单选择打开 Welcome 页面），若结果如图 2-10 所示，则证明 Tomcat 安装成功，可以作为 Web 服务器应用了。

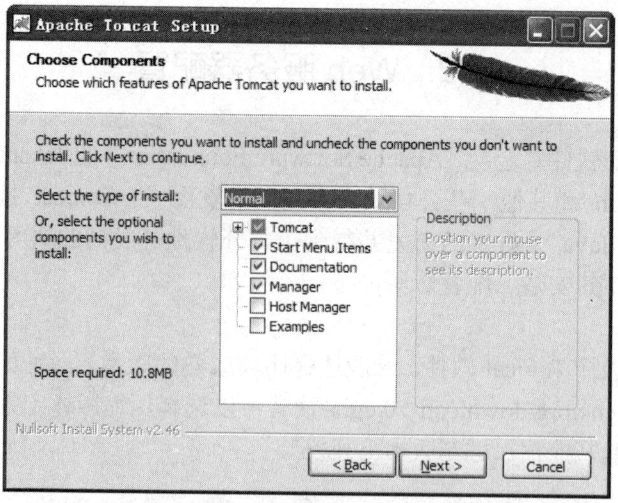

图 2-6 Tomcat 安装向导 1-组件选择

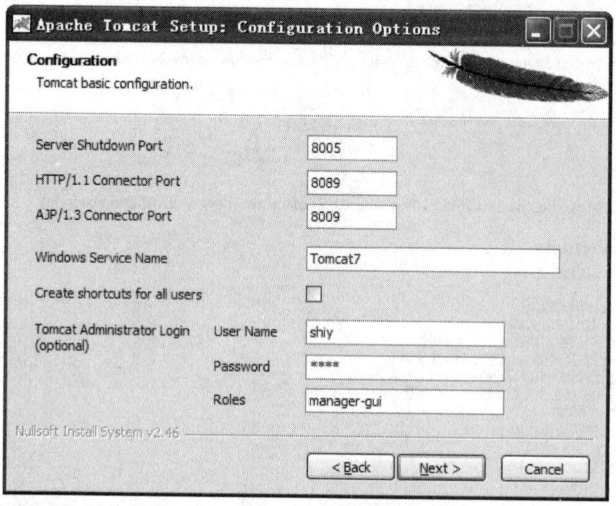

图 2-7 Tomcat 安装向导 2-配置

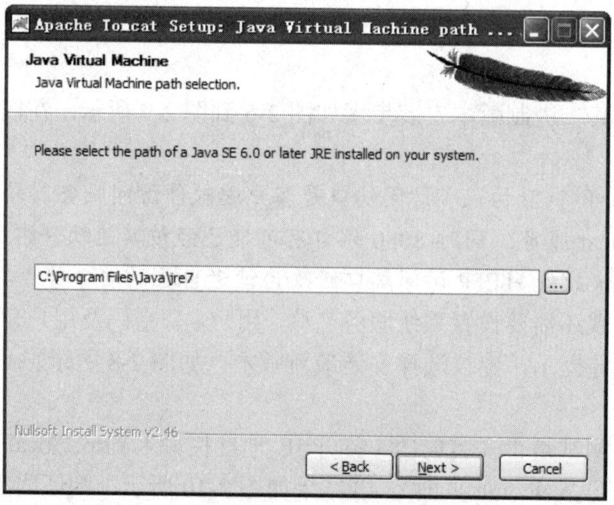

图 2-8 Tomcat 安装向导 3-Java 虚拟机

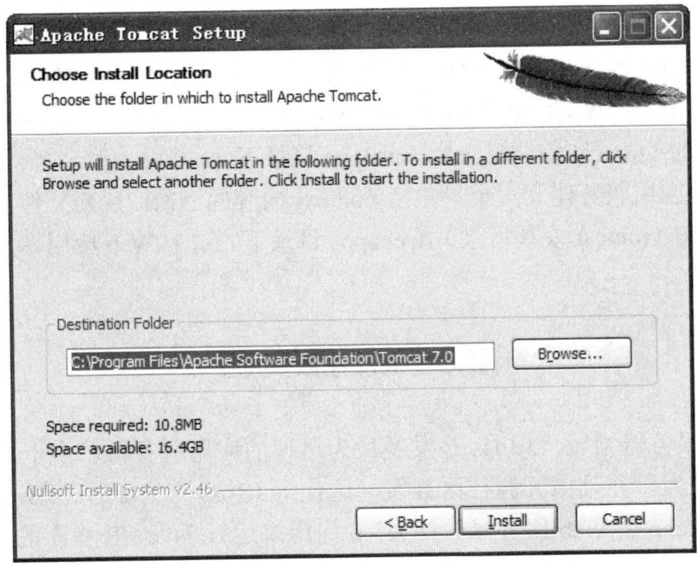

图 2-9　Tomcat 安装向导 4-选择安装位置

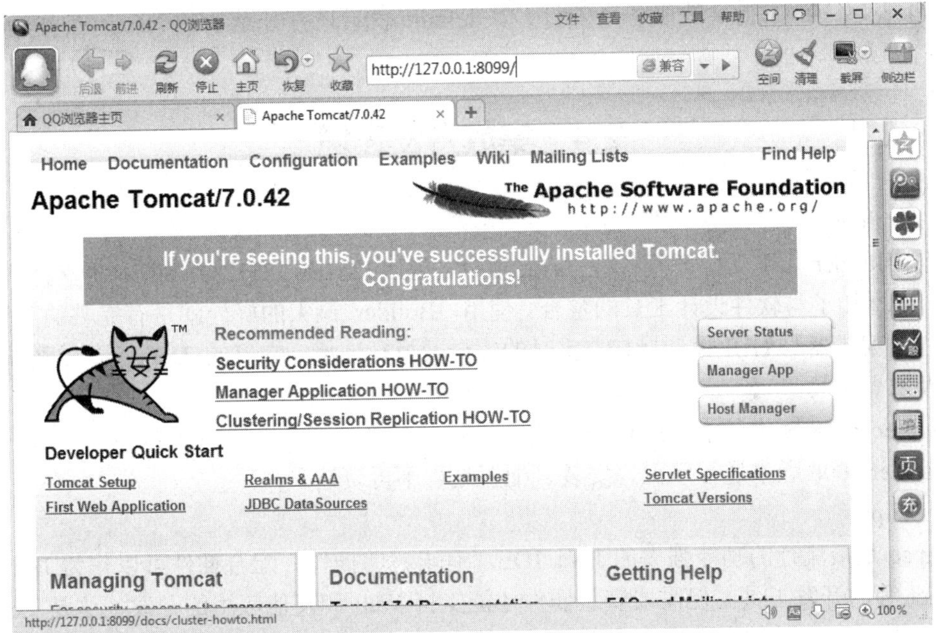

图 2-10　Tomcat 欢迎界面

3. 环境配置

当读者选择了 Tomcat 压缩版本且下载完毕后，解压缩就可以将 Tomcat 服务启用，但需要进行环境变量配置：

- 打开 Tomcat 安装目录，打开文件夹 tomcat/bin，并选择 catalina.bat 文件，在 rem 的后面增加如下参数：

  set JAVA_OPTS= -Xms256m -Xmx256m -XX:MaxPermSize=64m

  set JAVA_HOME= C:\Program Files\Java\jdk1.7.0_07;
- 添加 TOMCAT_HOME 环境变量，方法参考图 2-1 所示。

4. 部署一个 Web 应用

有两个办法可以在系统中部署 Web 应用服务：

（1）拷贝编译的 WAR 文件或 Web 应用文件夹（包括该 Web 的所有内容）到 $CATALINA_BASE（tomcat 安装目录）/webapps 目录下。

（2）为 Web 应用服务建立一个只包括 context 内容的 XML 片断文件，并把该文件放到 $CATALINA_BASE（tomcat 安装目录）/webapps 目录下。这个 Web 应用本身可以存储在硬盘上的任何地方。

2.3 应用服务器

在 J2EE应用服务器领域，JBoss 是发展最为迅速的应用服务器。由于 JBoss 遵循商业友好的 LGPL 授权分发，并且由开源社区开发，这使得 JBoss 广为流行。JBoss 是 Java EE应用服务器（就像 Apache 是 Web 服务器一样），专门用来运行 Java EE 程序的。JBoss 不需要安装，直接解压到一个目录下即可。跟 Apache 一样，JBoss 也有一个部署目录，那就是 JBoss/server 目录，其中有三个目录：all、default、minimal，代表了 JBoss 提供的三种部署方式，all 表示 JBoss 提供的服务全部打开，default 表示只打开默认的 JBoss 服务，minimal 表示只打开最基本的。

2.4 集成开发环境

1. JBuilder

目前 JBuilder 几乎支持开发各种 Java 项目，包括 J2ME、J2SE 与 J2EE，也支持软件团队的整合，更增加了与软件设计工具的整合。使用 JBuilder 最大的好处就是有完整的开发环境、良好的程序编辑器与 GUI 设计接口、实时的编译及执行环境、完整的 Debuger 以及整合简易的打包及部署工具。

JBuilder 2008 版本基于 Eclipse 3.2 内核进行了升级，开发模式趋于 Eclipse。本书采用经典的 JBuilder 2006 版本进行示范，安装、配置过程不再赘述。

2. Eclipse

Eclipse 是最流行的功能强大的 Java IDE，有丰富的插件，配合插件可以作为 J2EE、C、C++、.net 等的开发工具。但需要安装插件才能支持 Web 和其他应用的开发，这是 Eclipse 的优点，也是 Eclipse 的缺点，优点在于灵活，缺点在于麻烦。

Eclipse 是绿色免安装软件，下载后（网址http://www.eclipse.org/downloads/）直接解压缩到任意一个目录，然后运行 eclipse.exe 即可。Eclipse 安装配置插件的一般方法，将结合具体项目讲解（见 3.1.2 节）。

3. MyEclipse

作为企业级工作平台，MyEclipse（MyEclipse Enterprise Workbench）是对Eclipse IDE 的扩展，利用它我们可以在数据库和 Java EE 的开发、发布以及应用程序服务器的整合方面极大地提高工作效率。它是功能丰富的 Java EE 集成开发环境，包括了完备的编码、调试、测试和发布功能，完整支持HTML、Struts、JSP、CSS、Javascript、Spring、SQL、Hibernate，可以说 MyEclipse 是几乎囊括了目前所有主流开源产品的专属 Eclipse 开发工具。

2.5　本章小结

本章集中讲解了 Java EE 平台开发环境配置步骤及要点，着重介绍了 Tomcat 的安装及基于 Tomcat 发布 Web 应用的方法、步骤，读者可以结合后续章节实际用例深入学习。本章对于 Java EE 典型集成开发环境 JBuilder、Eclipse、MyEclipse 进行了简单介绍，在实际应用过程中，读者依照相应向导即可完成工具的安装和配置工作。

第二部分 Java EE 技术应用实训

作为 Java 开发人员，读者可能已经学会、并熟练使用 Swing 或者 AWT（Abstract Window Toolkit）的组件来建立用户界面。对于 Java EE 应用程序的开发来讲，仍然可以用这些组件来建立用户界面，此外还可以开发基于 HTML/HTML 5/JSP 等类型的用户界面。正因为 J2SE 是 Java EE 的核心及基础，所以过去所学的任何有关 Java 的知识仍然都有用。

本部分各章节用来弥补当前教材在界面程序设计部分引导不足的缺陷，着重从工具应用、技术实训等多个角度来强化编程习惯的养成以及开发工具的熟练使用。

学习目标

- 掌握流行 IDE 的开发模式
- 熟练掌握界面设计原则及技巧
- 熟练掌握 JDBC 程序设计
- 完成不少于 3 个实训项目

章节安排

本部分共安排 5 个章节，其中第 3 章集中介绍典型 Java EE 开发 IDE 的基本应用步骤，侧重介绍基于 JBuilder、Eclipse、MyEclipse 等开发 Hello World 界面程序的要点和详细步骤；接下来详细介绍了 Java EE 规范的相关技术。

在第 3 章的基础上后续安排 4 个实训项目，读者可以依据自身情况及喜好有选择地完成。其中：

第 4 章实训项目选择学生成绩管理系统，属于学生最熟悉的领域，其业务过程简单，易于学生理解和掌握，便于程序设计和拓展开发。项目目的是培养学生 IDE 编程习惯和初步解决问题的能力，夯实学生界面设计和 JDBC 编程能力。

第 5 章实训项目设计的是键盘打字游戏，结合 Applet 的编程技术及应用，侧重界面设计、Java 多线程技术、事件响应等技术能力的培养。

第 6 章实训项目选择 JMS（Java Message Service）和 JavaMail 应用。其中 JMS 几乎规范了所有企业级消息服务，如可靠查询、发布消息、订阅杂志等各种各样的 PUSH/PULL 技术的应用，并且为它们提供了一个标准接口。JavaMail 应用程序接口提供了一整套模拟邮件系统的抽象类。通过项目实训，读者可以了解 J2EE 中的 Email 规范，构建一个类似 Foxmail 的邮件客户端，从而掌握 JavaMail 的编程细节。

第 7 章实训项目则安排基于 JSP/Servlet/JavaBean/JDBC 的 Web 应用程序设计。这种模式既是解决一般 Web 应用的可行开发模式；也是基于框架开发 Web 应用的基础。读者应该侧重理解 JSP、Servlet 的工作原理、技术要点以及 Web 服务器的工作机制和编程模式。

第 3 章　Java EE 开发基础

3.1　IDE 工具应用

工欲善其事，必先利其器！除了学习 Java 语言之外，熟练掌握开发工具是提高编程效率、提升软件性能的必经之路。

3.1.1　JBuilder 2006

用 JBuilder 写第一个 Java 程序，即 HelloWorld 的大致过程如下：

- 创建一个项目 Project
- 在项目中创建一个应用程序或 Web 页
- 在应用程序的窗体上创建 HelloWorld
- 编译与执行

详细步骤如下：

第一步：新建工程

打开 JBuilder2006，选择菜单 File→New Project，便会出现工程创建向导界面，如图 3-1 所示；第一步依据向导填写项目名称、存储目录以及选择项目模板，如图 3-2 所示；第二步设置项目的 JDK、输入输出路径，以及选择必须的类库等，如图 3-3 所示；第三步设置字符集、版权等信息，如图 3-4 所示；向导结束后构建了一个空项目文件，如图 3-5 所示。

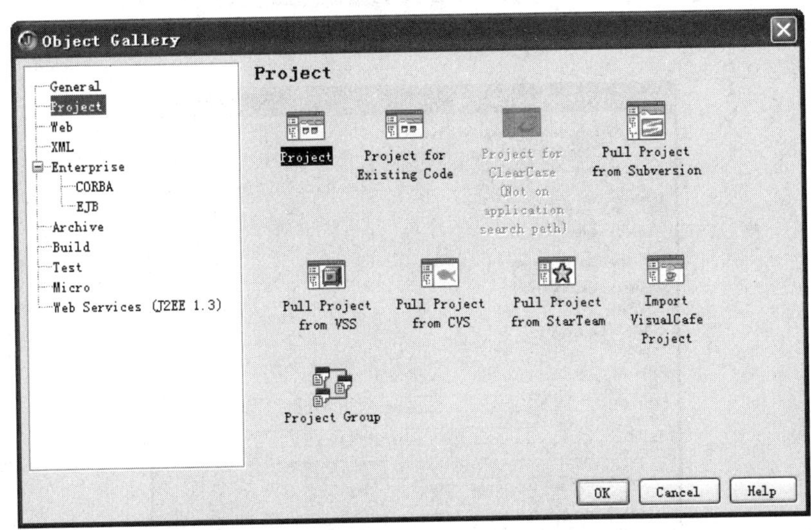

图 3-1　工程选择页面

注意： 工程名称相当于新建包（文件夹）的名称，不用首字母大写。

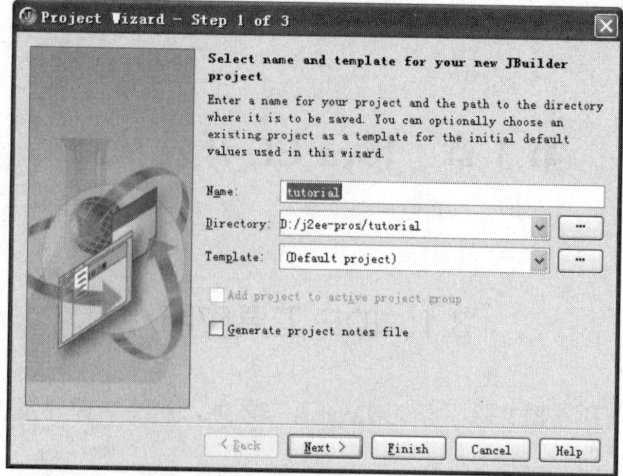

图 3-2 新建工程向导-添加名称

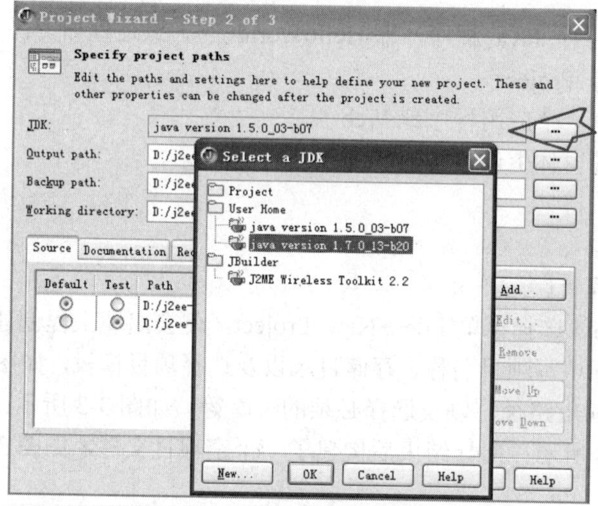

图 3-3 新建工程向导-JDK 设置

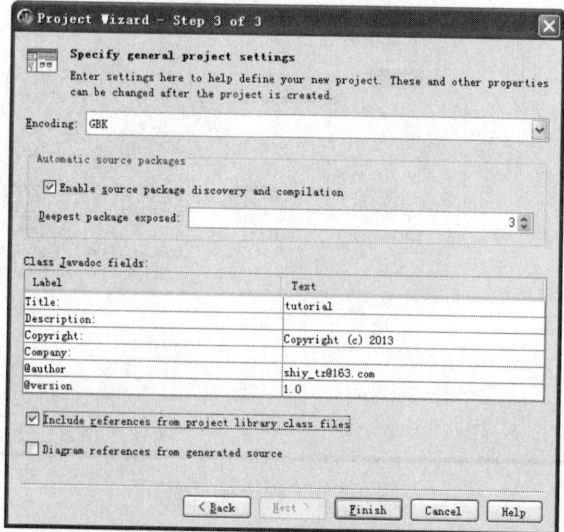

图 3-4 工程编码及版权信息

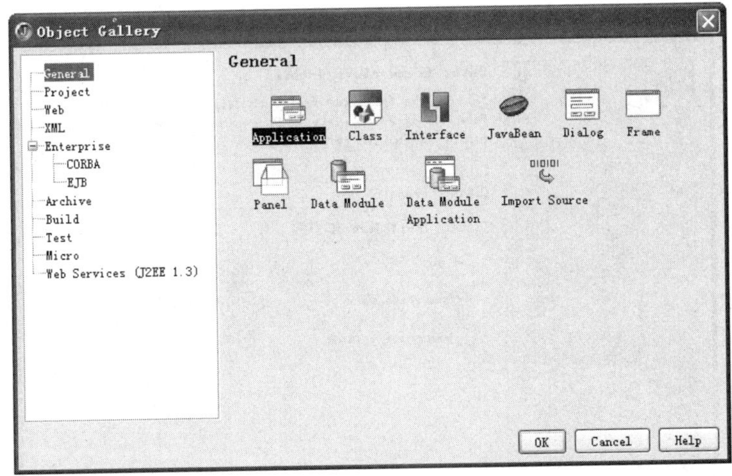

图 3-5　添加应用程序

在图 3-3 中，单击红圈中按钮，弹出可选择的 JDK 窗口；用户可以单击 New 按钮，添加最新安装的 JDK（推荐选择最新安装的 JDK）。

在图 3-4 中，所编写的界面及功能类代码编码选择了 GBK 方式，推荐选择 GBK 或 UTF-8 等支持中英文的编码类别。

第二步：添加应用程序

创建一个包含主要界面的容器（Container），如 Frame、Applet、Panel 等，并进行界面设计，其设置向导如图 3-5 到图 3-8 所示。

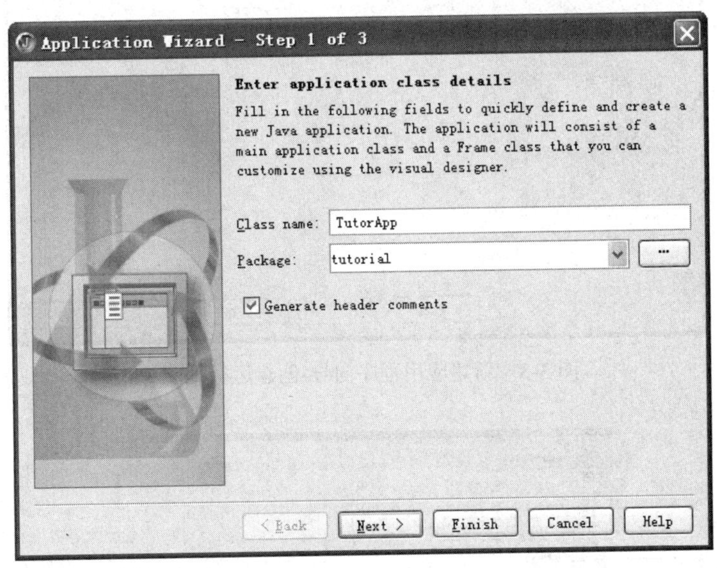

图 3-6　新建应用程序向导-类名称

应用程序类包含工程项目运行的入口——Main 函数；在 Main 函数中实现第一个界面的调用，从而实现可视化界面。

此处添加的界面类，是应用程序默认调用的第一个人机交互界面。

第三步：界面和功能设计

创建项目工程和添加应用程序后，其界面如图 3-9 所示。

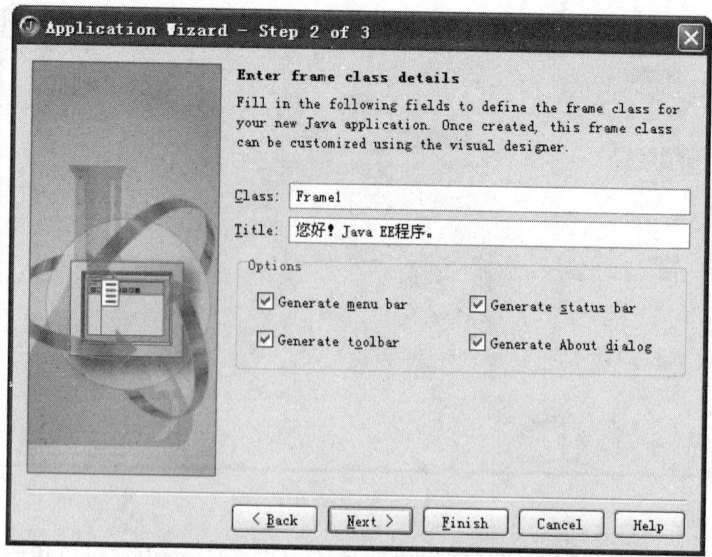

图 3-7 新建应用程序向导-界面类名称

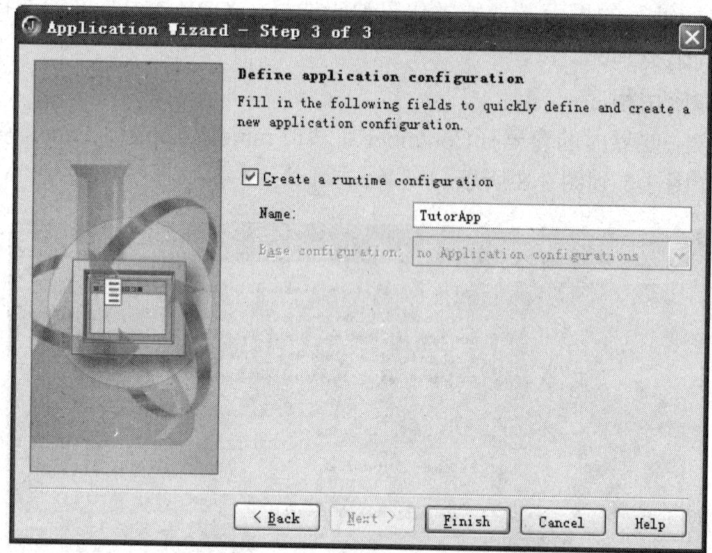

图 3-8 新建应用程序向导-创建运行期配置

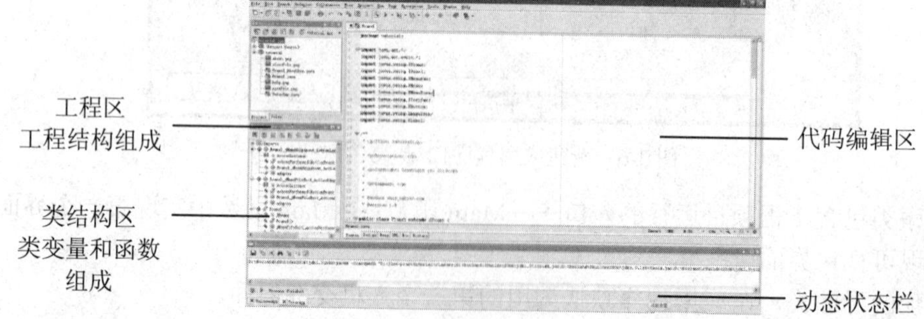

图 3-9 工程编辑页面

第四步：编译运行

经过编辑和设计后，单击工具栏运行按钮，编译运行项目，结果如图 3-10 所示，是一个包含了标题栏、菜单栏、工具栏、内容栏和状态栏的工程项目。

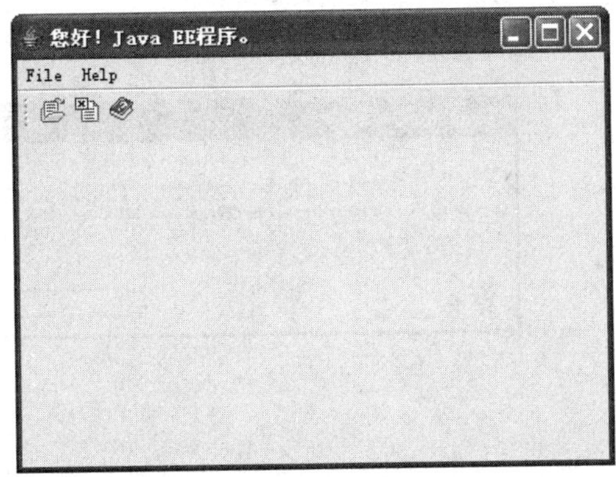

图 3-10　项目运行空白应用界面

3.1.2　Eclipse 3.7

用 Eclipse 写第一个 Java 程序，即 HelloWorld 的大致过程如下：

- 安装相应插件
- 创建一个项目（应用程序或 Web 页）
- 在应用程序的窗体上创建 HelloWorld
- 编译与执行

详细步骤如下：

第一步：安装插件

Eclipse 安装插件的一般步骤为选择菜单 Help→选择 Install New Software→选择或添加需要安装的插件。本示例完成 Eclipse 图形化界面设计插件（WindowBuilder）的安装；依据安装向导，其过程如图 3-11 到图 3-14 所示，安装后重启 Eclipse 就可用了。

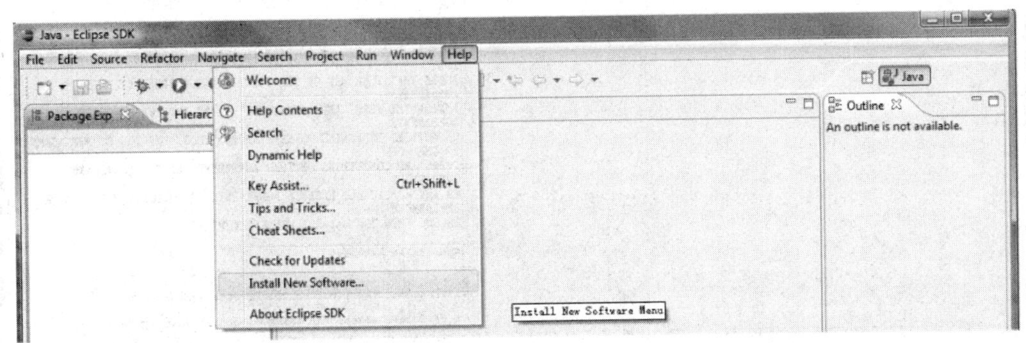

图 3-11　选择安装新软件（插件）

在图 3-12 中，单击 Add 按钮，弹出 Add Repository 对话框，其中 Name 填写插件名称（可自定义），Location 填写插件的下载地址（一般为在选择插件的主页中，当读者单击下载链接后弹出的网页地址）。

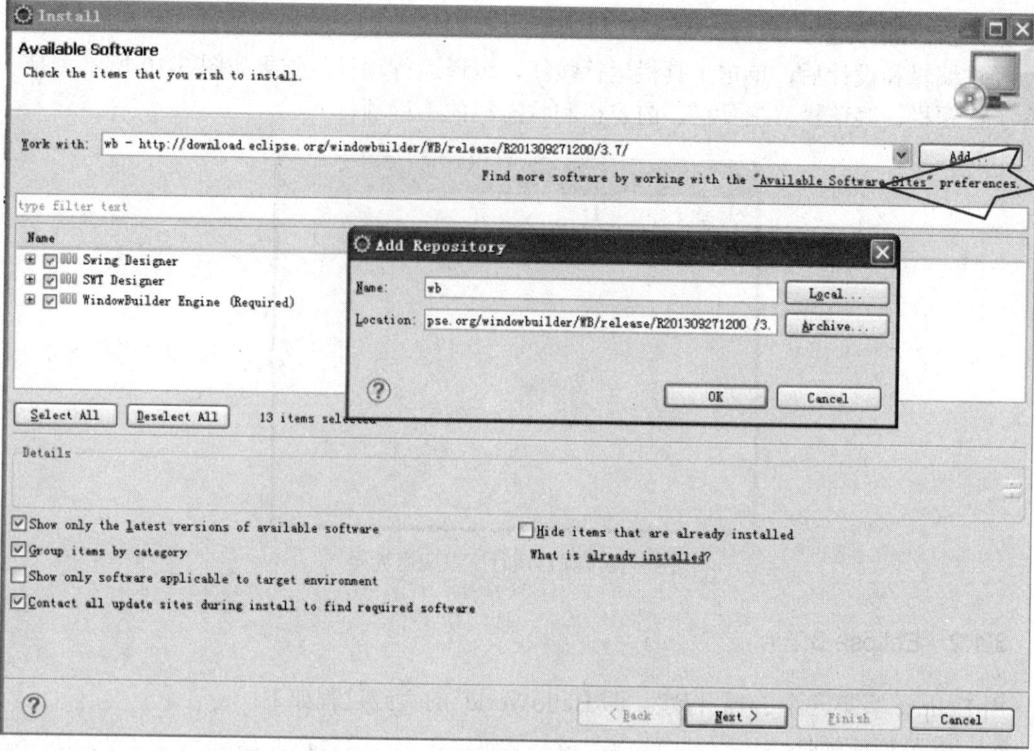

图 3-12　安装插件向导-路径及类库

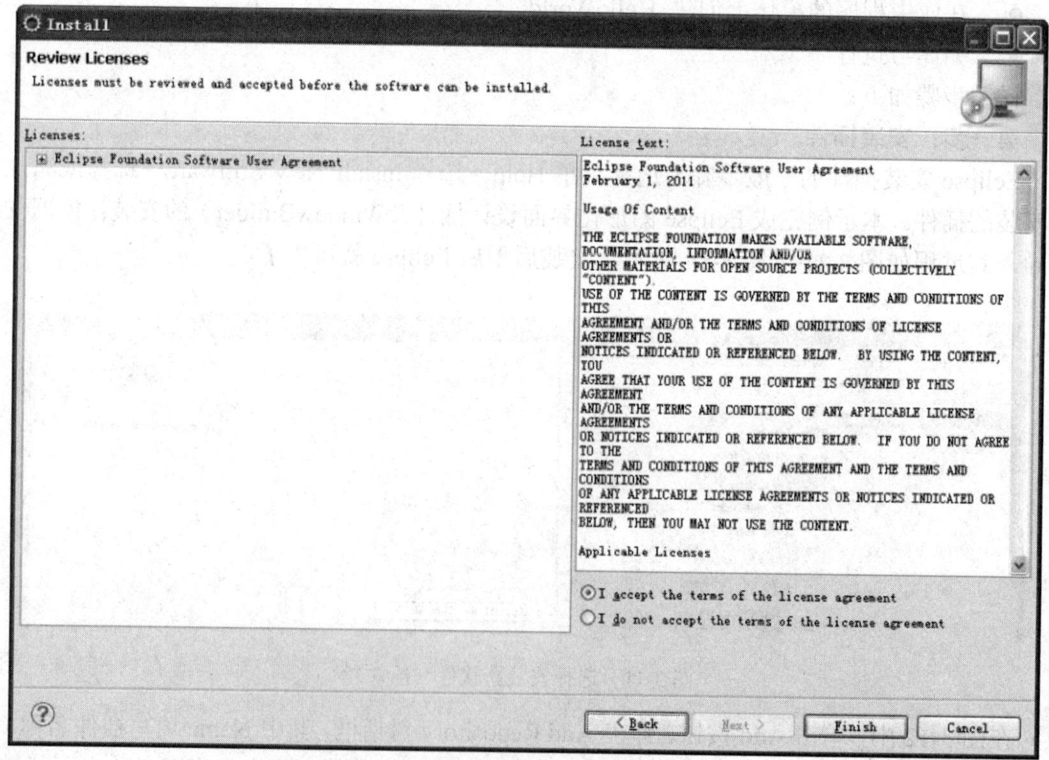

图 3-13　安装插件向导-同意授权协议

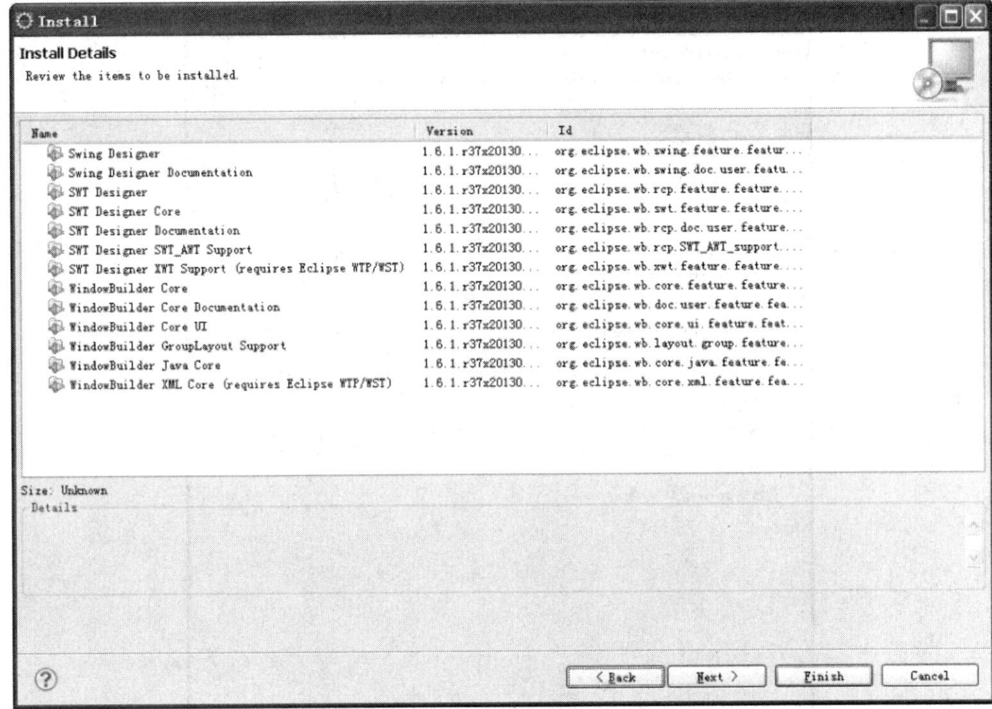

图 3-14　安装插件向导-显示安装明细

在图 3-14 中，当单击 Finish 按钮后，进入向导安装过程（推荐选择默认过程）。

第二步：新建工程

新建 Project：选择菜单 File→New，然后选择 Window Builder 项目，如图 3-15 所示；接下来见向导，其过程如图 3-16 到 3-17 所示。

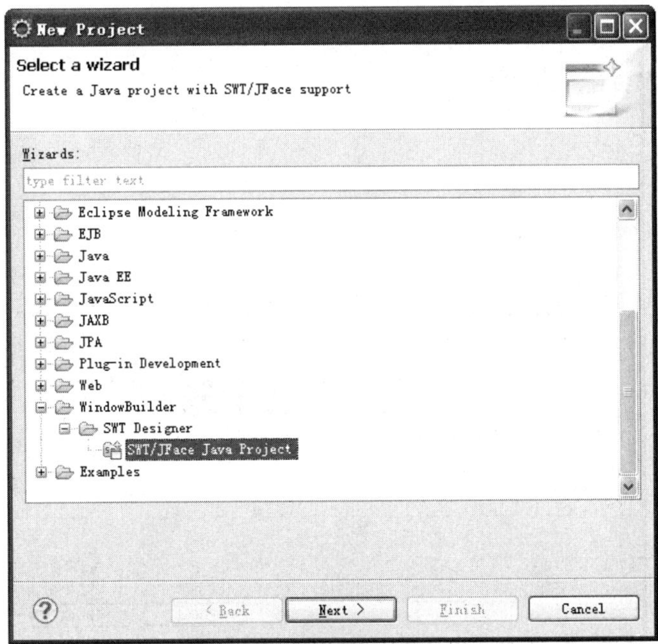

图 3-15　新建 WindowBuilder 工程

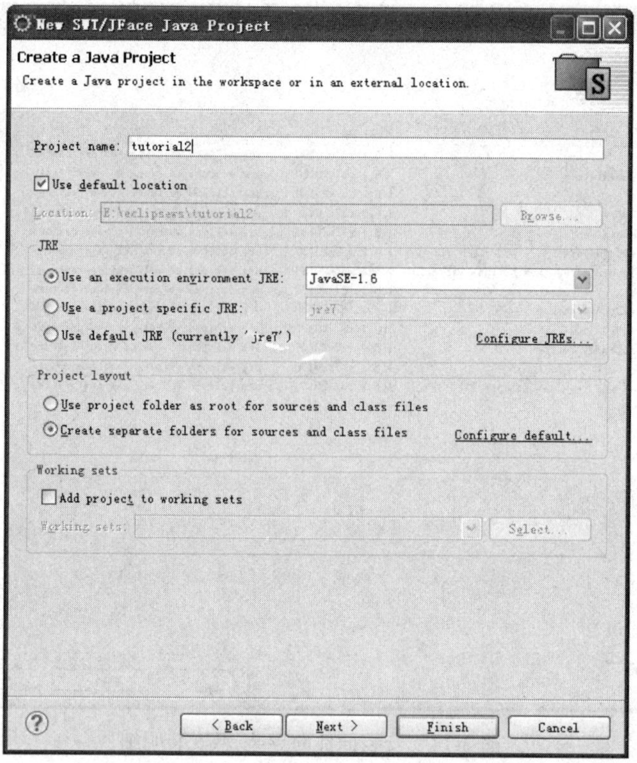

图 3-16　填写工程名字及选择 JRE 版本

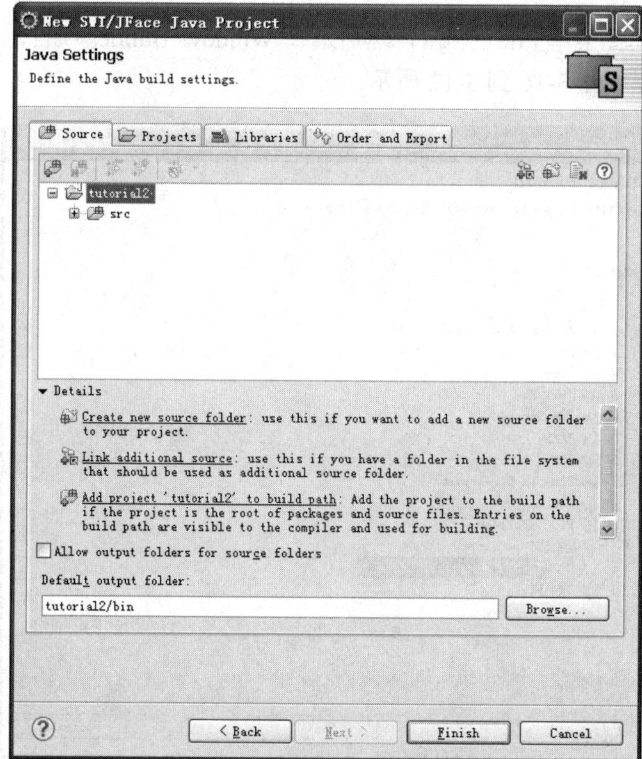

图 3-17　确认工程源代码文件的存放目录

图 3-16 中，Project name 即创建的一个工程文件夹，名称小写即可；JRE 推荐选择系统安装的最新版本（首先要确定与当前 Eclipse 版本相适应的 JRE 版本）。

第三步：添加应用程序

创建项目工程相当于创建了一个空工程，需要添加应用程序，才能实现人机交互功能的编辑；添加应用程序过程如图 3-18 及图 3-19 所示。其中在图 3-18 中，选择创建 JFace→ApplicationWindow，这个选项默认具备菜单、工具栏以及状态栏。

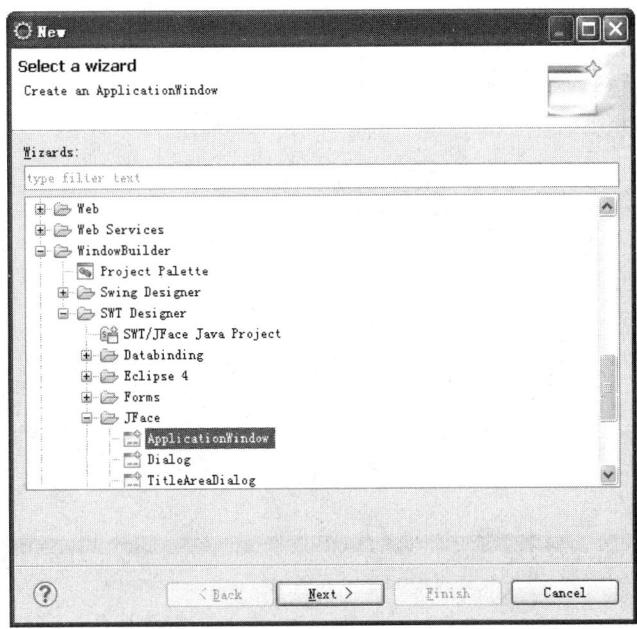

图 3-18　新建 JFace 中 ApplicationWindow 应用程序

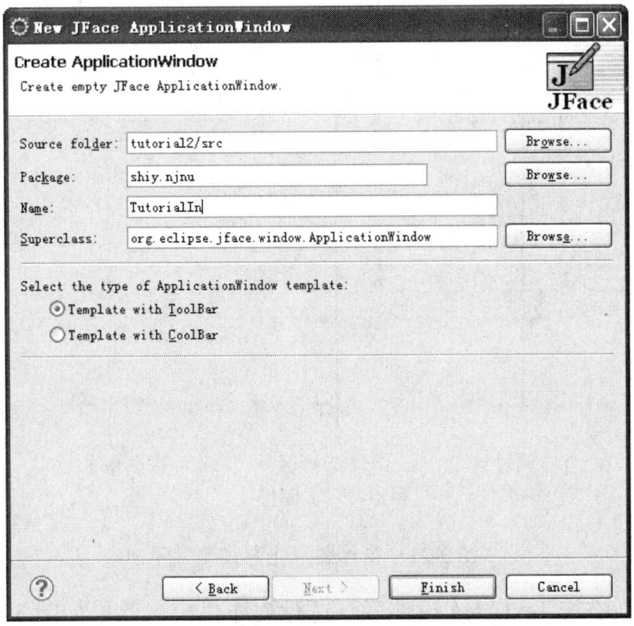

图 3-19　确定 ApplicationWindow 的包、类名等细节

第四步：编辑和编译执行

新建项目工程及添加应用程序后，项目的代码编辑界面如图 3-20 所示；当项目的类为界面时，代码方式和可视化方式是可以切换的，如图 3-21 所示。

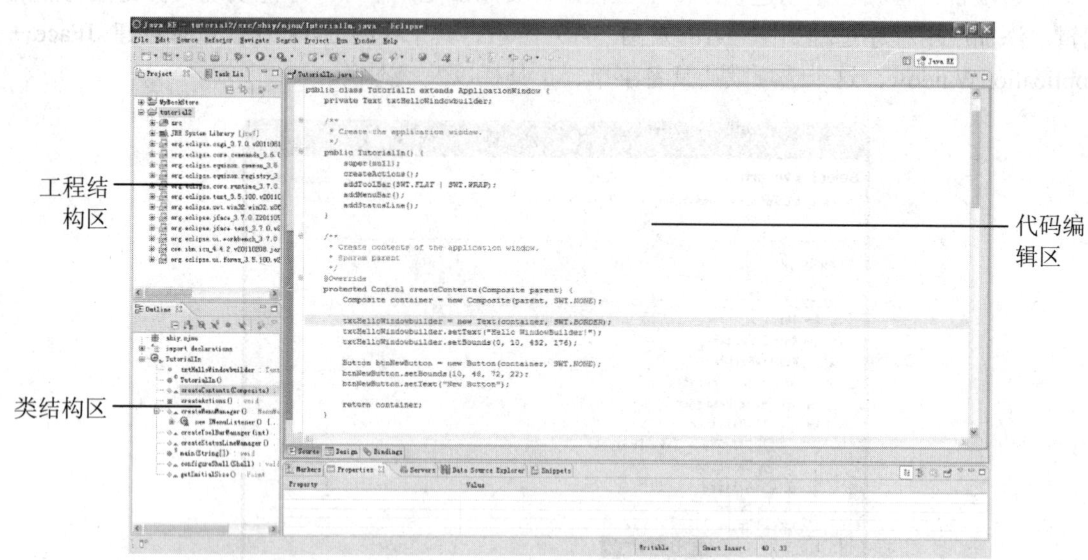

图 3-20 窗体代码方式编辑区

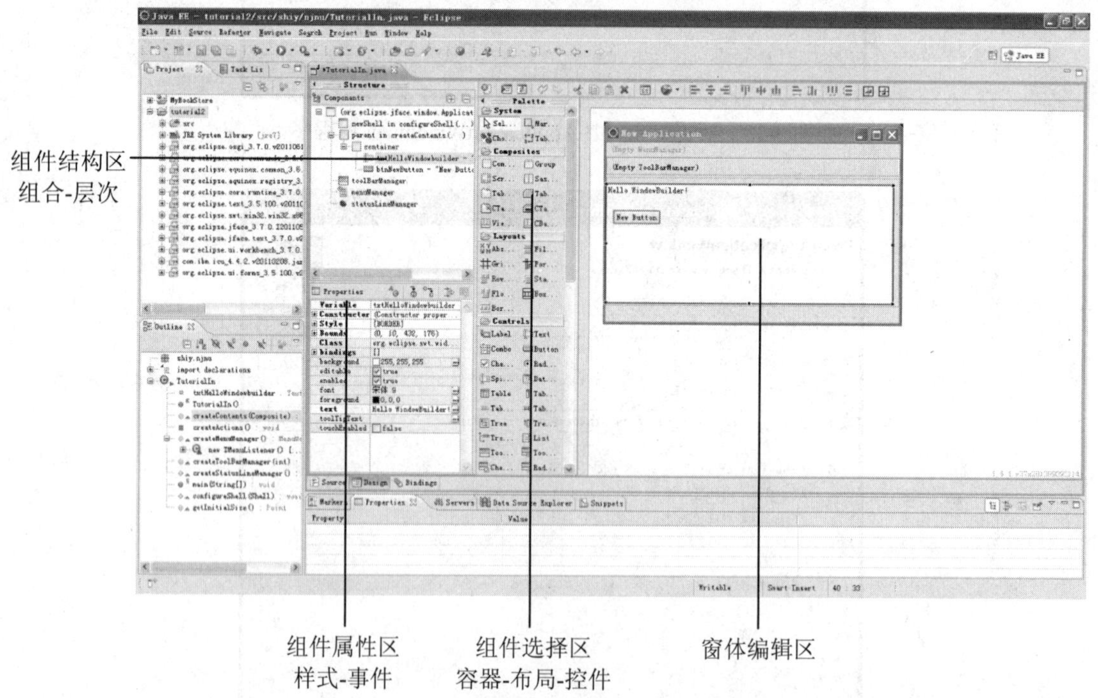

图 3-21 窗体图形化方式编辑区

在图 3-21 中，当添加 TextArea 控件后，运行程序代码，效果如图 3-22 所示。

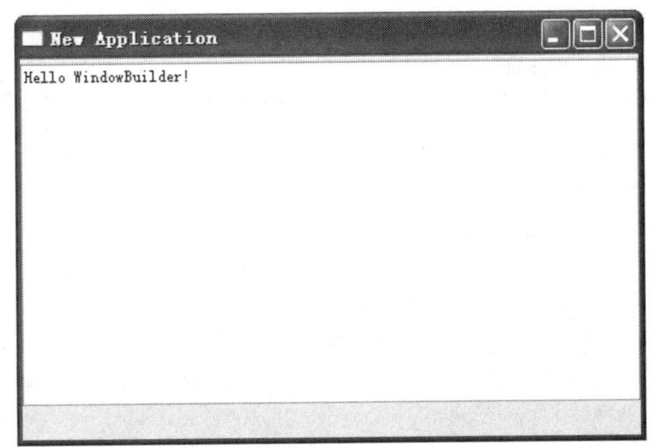

图 3-22　执行后窗体效果

3.1.3　MyEclipse 10

用 MyEclipse 平台写第一个 Java 程序，即 HelloWorld 的大致过程如下：

- 创建一个项目（应用程序或 Web 页）
- 添加应用程序，并进行交互设计
- 编译与执行

详细步骤如下：

第一步：新建工程

打开 MyEclipse10.6，依次单击 File→New→Java Project，如图 3-23 所示；然后依据创建 Java Project 的向导 New Java Project，填写工程名称和确认工程目录，如图 3-24 和图 3-25 所示。

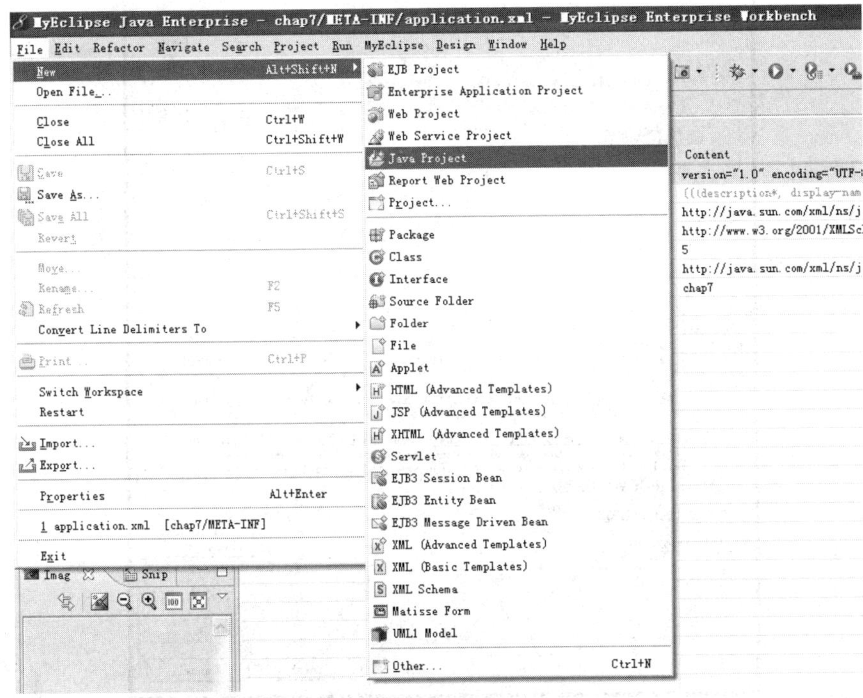

图 3-23　新建 Java 工程

New Java Project

Create a Java Project

Create a Java project in the workspace or in an external location.

Project name: tutorial

Use default location

Location: D:\j2ee-pros\tutorial Browse...

JRE

Use an execution environment JRE: JavaSE-1.6

Use a project specific JRE: Sun JDK 1.6.0_13

Use default JRE (currently 'Sun JDK 1.6.0_13') Configure JREs...

Project layout

Use project folder as root for sources and class files

Create separate folders for sources and class files Configure default...

Working sets

Add project to working sets

Working sets: Select...

The wizard will automatically configure the JRE and the project layout based on the existing source.

< Back Next > Finish Cancel

图 3-24　Java 工程创建向导-工程名称

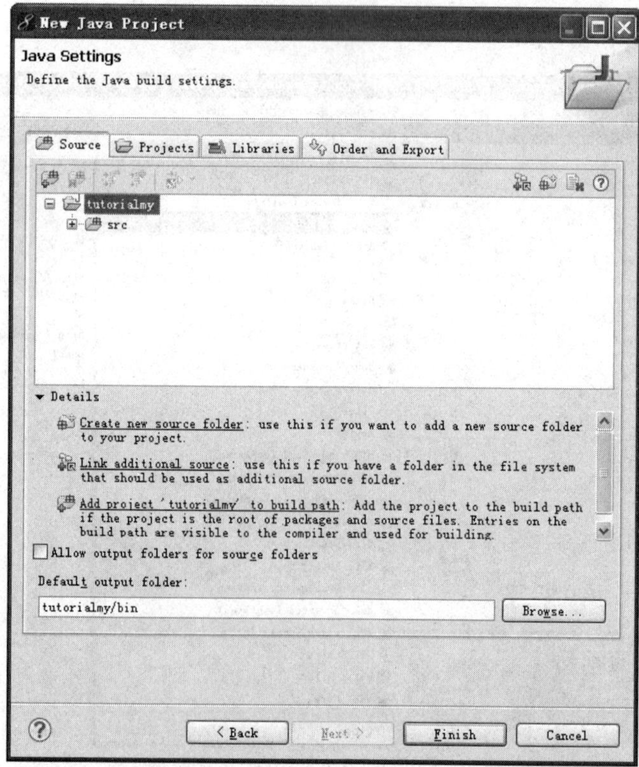

图 3-25　Java 工程创建向导-源代码文件夹

第二步：添加应用程序

添加应用程序，在 src 文件夹上单击右键→New→Other→选择 MyEclipse→Swing→Matisse Form，如图 3-26 所示；接下来填入包名和类名后，选择创建 JFrame，如图 3-27 所示。确定后，在右侧的 Matisse Palette 中展开 Swing 文件夹就会看到 Swing 中的组件，将组件拖到中间的窗口中进行界面的设计，若想给某个组件添加事件，在此组件上单击右键→Events→找到事件的类型就可以了，界面如图 3-28 所示。

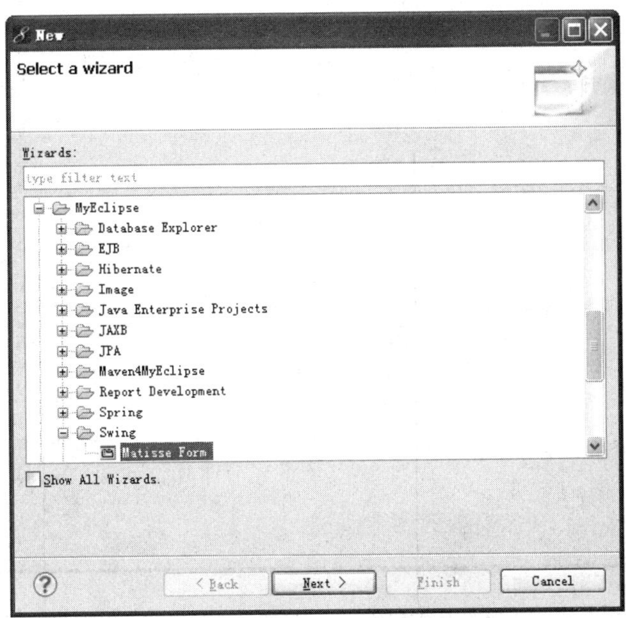

图 3-26　添加 Mattise 应用程序

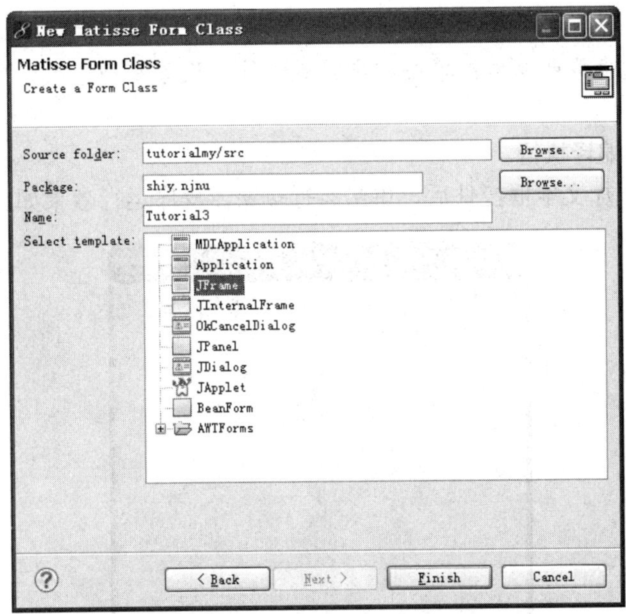

图 3-27　选择创建 JFrame 界面

注：一般可以选择 Application 或 MDIApplication。

组件结构区
组合-层次

窗体编辑区

组件属性区
样式-事件

组件选择区
容器-布局-控件

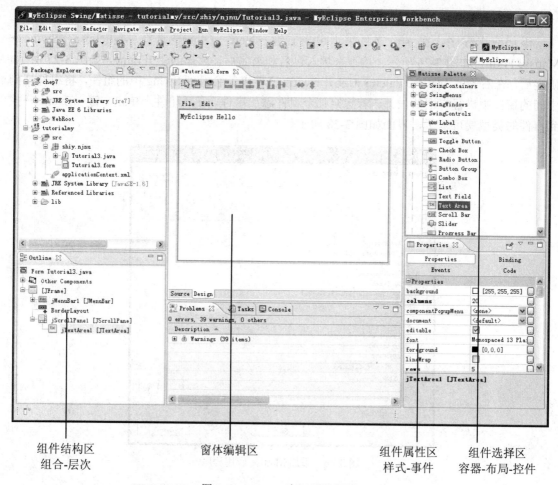

图 3-28　JFrame 交互设计界面

注意：操作关键步骤可以右键单击相应容器组件，设置布局模式；单击选中组件，设置属性。

第三步：编辑和编译执行

在图 3-28 中，添加文本框控件后，单击运行按钮，程序运行效果如图 3-29 所示。

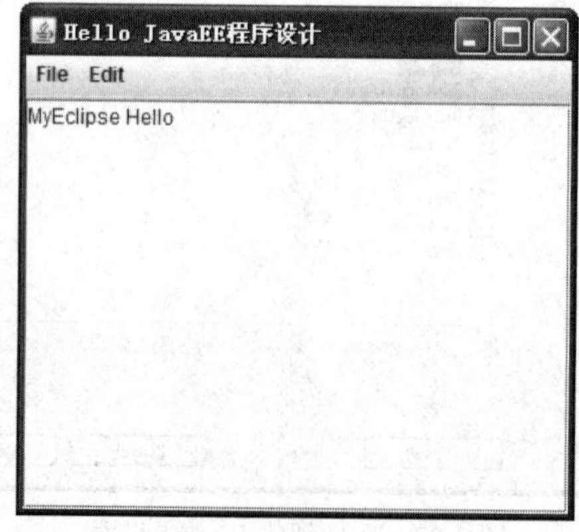

图 3-29　程序运行效果

3.2　关键技术

3.2.1　JDBC 技术

Java 语言访问数据库的一种规范是一套 JDBC（Java Database Connectivity）API，即 Java 数据库编程接口，是一组标准的 Java 语言中的接口和类。使用这些接口和类，Java 客户端程序可以访问各种不同类型的数据库。比如建立数据库连接、执行 SQL 语句进行数据的存取操作。

JDBC 规范采用接口和实现分离的思想设计了 Java 数据库编程的框架。接口包含在 java.sql 及 javax.sql 包中，其中 java.sql 属于 Java SE，javax.sql 属于 Java EE。这些接口的实现类叫做数据库驱动程序，由数据库的厂商或其他的厂商或个人提供。

1. JDBC 驱动程序

JDBC 驱动程序的四种类型：

- 通过将 JDBC 的调用全部委托给其他编程接口来实现，比如 ODBC。这种类型的驱动程序需要安装本地代码库，即依赖于本地的程序，所以便携性较差。比如 JDBC-ODBC 桥驱动程序。
- 驱动程序的实现是部分基于 Java 语言的。即该驱动程序一部分用 Java 语言编写，其他部分委托本地的数据库的客户端代码来实现。该类型的驱动程序也依赖本地的程序，所以便携性较差。
- 驱动程序的实现是全部基于 Java 语言的。该类型的驱动程序通常由某个中间件服务器提供，这样客户端程序可以使用数据库无关的协议和中间件服务器进行通信，中间件服务器再将客户端的 JDBC 调用转发给数据库进行处理。
- 驱动程序的实现是全部基于 Java 语言的。该类型的驱动程序中包含了特定数据库的访问协议，使得客户端可以直接和数据库进行通信。

2. Java 使用 JDBC 访问数据库的步骤

①得到数据库驱动程序；

②创建数据库连接；

③执行 SQL 语句；

④得到结果集；

⑤对结果集做相应的处理（增，删，改，查）；

⑥关闭资源：这里释放的是 DB 中的资源。

3. 常用数据库的驱动程序及 JDBC URL

- Oracle 数据库：

驱动程序包名：ojdbc14.jar，下载地址：http://www.oracle.com/technology/software/tech/java/sqlj_jdbc/index.html。

驱动类的名字：oracle.jdbc.driver.OracleDriver。

JDBC URL：jdbc:oracle:thin:@dbip:port:databasename。

其中各部分含义如下：

dbip：数据库服务器的 IP 地址，如果是本地可写：localhost 或 127.0.0.1。

port：为数据库的监听端口，需要视安装时的配置而定，缺省为 1521。

databasename：为数据库的 SID，通常为全局数据库的名字。

例如要访问本地的数据库 allandb，端口 1521，那么 URL 写法如下：jdbc:oracle:thin:@localhost:1521:allandb。

- SQL Server 数据库：

驱动程序包名：msbase.jar mssqlserver.jar msutil.jar，下载地址：http://www.microsoft.com/downloads/details.aspx。

驱动类的名字：com.microsoft.jdbc.sqlserver.SQLServerDriver。

JDBC URL：jdbc:microsoft:sqlserver://dbip:port;DatabaseName=databasename。

- MySQL 数据库：

驱动程序包名：mysql-connector-java-3.1.11-bin.jar，下载地址：http://dev.mysql.com/downloads/connector/j/。

驱动类的名字：com.mysql.jdbc.Driver。

JDBC URL：jdbc:mysql://dbip:port/databasename。

- Access 数据库：

驱动程序包名：该驱动程序包含在 Java SE 中，不需要额外安装。

驱动类的名字：sun.jdbc.odbc.JdbcOdbcDriver。

JDBC URL：jdbc:odbc:datasourcename。

说明：该驱动只能工作在 Windows 系统中，首先需要在操作系统中建立一个可以访问 Access 数据库的本地数据源（ODBC），如果名字为 mydb，那么 URL 写法如下：jdbc:odbc:mydb。

4. JDBC 样例

一般基于 thin 方式的 JDBC 连接，Oracle 数据库连接需要经过以下 5 个步骤：

（1）实现标准 SQL 的 Driver 接口

首先每个 JDBC 驱动必须实现 java.sql.Driver 接口，通常情况下通过 java.lang.Class 类的静态方法 forName(String className)，加载欲连接数据库的 Driver 类，该方法的入口参数为欲加载 Driver 类的完整路径。加载成功后，会将 Driver 类的实例注册到 DriverManager 类中；如果加载失败，将抛出 ClassNotFoundException 异常，即未找到指定 Driver 类的异常。

注意：因为静态的方法在类被加载时调用，而且只调用一遍，也就是说如果连接被关闭，下次就不用再调用此方法来获取连接了。

java.sql.DriverManager 类负责管理 JDBC 驱动程序的基本服务，是 JDBC 的管理层，作用于用户和驱动程序之间，负责跟踪可用的驱动程序，并在数据库和驱动程序之间建立连接。

（2）从 DriverManager 获得数据库的一个连接

调用 DriverManager 类的 getConnection(url,user,password)方法请求建立数据库连接。其中，参数 url 定义为 string 变量，描述为：jdbc:oracle:thin:（协议）@X.X.X.X:X（IP 地址及端口号）:XX（所使用的库名）。

（3）从数据库连接获取数据库 Statement

调用 java.sql.Connection 的 createStatement()方法请求建立数据库 Statement，然后就可以使用 Statement 的对象来执行各类 sql 语句，如：

```
executeQuery(sqlString);//返回结果集
executeUpdate(sqlString);//返回值为该次操作影响的记录条数
```

execute(sqlString); //适用于各类操作

（4）处理 SQL 执行结果

ResultSet 接口对象用来接收 Statement 的对象执行结果，如用来接收 select 语句返回的查询结果，其实质类似于数据集合。可以用 ResultSet 的 next()方法遍历结果集，亦可用 getXXX(字段名或字段序号)操作。注意：字段序号从 1 开始。

（5）依次关闭会话，关闭连接，释放资源

数据库操作完成后，需及时关闭数据库连接。必须按先关闭 ResultSet 结果集，后 Statement，最后 Connection 的顺序关闭资源。

其相应 java 类代码如下：

```
import java.sql.DriverManager;
import java.sql.Statement;
import java.sql.ResultSet;
import java.sql.Connection;
import java.sql.SQLException;
/*版本信息 */
public class DbConnect {
  public static void loadClass(){
  //加载 driver connector
    try{
      Class.forName("oracle.jdbc.driver.OracleDriver");
       }catch(ClassNotFoundException e1){
        e1.printStackTrace();
    }
  }
  public static Connection makeConnect( ){
  //获得 connetction
    String url="jdbc:oracle:thin:@localhost:1521:XE";
    Connection con=null;
    try{
      con=DriverManager.getConnection(url,"shiy","081822");
      }catch(SQLException e2){
      e2.printStackTrace();
    }
    return con;
  }
  public static Statement makeStatement(Connection con){
  //获得 statement
    Statement stmt=null;
    try{
      stmt=con.createStatement();
    }catch(SQLException e3){
      e3.printStackTrace();
    }
    return stmt;
  }
  public static ResultSet makeResultSet(Statement stmt,String sql){
```

```
    //获得 resultsets
        ResultSet rs=null;
        try{
            rs = stmt.executeQuery(sql);
        }catch(SQLException e2){
    e2.printStackTrace();
        }
    return rs;
    }
    public static void close(ResultSet rs){
    //关闭 resultsets
        try{
            rs.close();
        }catch(SQLException e4){
        }
    }
    public static void close(Statement stmt){
    //关闭 statement
        try{
            stmt.close();
        }catch(SQLException e4){
        }
    }
    public static void close(Connection con){
    //关闭 connetcion
        try{
            con.close();
        }catch(SQLException e4){
        }
    }
}
```

3.2.2 Applet 技术

小应用程序（Applet）是可通过因特网下载并在接收计算机上运行的一小段程序。小应用程序通常用 Java 语言编写并运行在浏览器软件中，Applet 的典型应用是为万维网网页页面定制或添加交互格式元素。

Applet 必须运行于某个特定的“容器”，这个容器可以是浏览器本身，也可以是通过各种插件，或者包括支持 Applet 的移动设备在内的其他各种程序来运行。与一般的 Java 应用程序不同，Applet 不是通过 main 方法来运行的。在运行时 Applet 通常会与用户进行互动，显示动态的画面，并且还会遵循严格的安全检查，阻止潜在的不安全因素（例如根据安全策略，限制 Applet 对客户端文件系统的访问）。

在 Java Applet 中，可以实现图形绘制，字体和颜色控制，动画和声音的插入，人机交互及网络交流等功能。Applet 还提供了名为抽象窗口工具箱（Abstract Window Toolkit，AWT）的窗口环境开发工具。AWT 利用用户计算机的GUI元素，可以建立标准的图形用户界面，如窗口、按钮、滚动条等。在网络上有非常多的 Applet 范例来生动地展现这些功能，读者可以去调阅相应的网页以观看它们的效果。

本书第 5 章对其应用开发过程进行了详细的介绍。

3.2.3　JSP 技术

JSP（Java Server Pages）是由 Sun Microsystems 公司倡导、许多公司参与进来一起建立的一种动态网页技术标准。JSP 技术是在传统的网页 HTML 文件（*.htm,*.html）中插入 Java 程序段（Scriptlet）和 JSP 标记（tag），从而形成 JSP 文件（*.jsp）。

JSP 是一种基于动态语言，在容器中会被解释为 servlet，然后解析 jsp 中的动态内容，最终还是会返回给浏览器 html 格式的语言，在 html 中书写 jsp 的内容，容器（Tomcat 等）就会把 jsp 转换成 servlet 进行解析，返回 html。

html 只是静态的语言，所谓静态是指不能和服务器交互、查询数据等。但是任何动态的语言都不能脱离 html 而单独存在于一个网站上，因为没有静态的页面显示，无法给用户返回数据。使用 JSP 技术，Web 页面开发人员可以使用 HTML 或者 XML 标识来设计和格式化最终页面。使用 JSP 标识或者脚本来生成页面上的动态内容的语句一般被封装在 JavaBean 组件、EJB 组件或 JSP 脚本段中。这样，页面的设计人员和页面的编程人员可以同步进行。同时在客户端查看源文件，看不到 JSP 标识的语句，更看不到 JavaBean 和 EJB 组件，也可以保护源程序的代码。

1. JSP 的生命周期

JSP 生命周期包括以下阶段：

①解析阶段：Servlet 容器解析 JSP 文件代码，如果有语法错误，就会向客户端返回错误信息；

②翻译阶段：Servlet 容器把 JSP 文件翻译成 Servlet 源文件；

③编译阶段：Servlet 容器编译 Servlet 源文件，生成 Servlet 类的 class 文件；

④初始化阶段：加载与 JSP 对应的 Servlet 类，创建其实例，并调用它的初始化方法；

⑤运行时阶段：调用与 JSP 对应的 Servlet 实例的服务方法；

⑥销毁阶段：调用与 JSP 对应的 Servlet 实例的销毁方法，然后销毁 Servlet 实例。

2. JSP 指令元素（page、include、taglib）

（1）page 指令元素

功能：设定整个 JSP 网页的属性和相关功能。

语法格式：<%@ page attribute1="value1" attribute2="value2"…%>

属性（13 个）：

①language="language" 指定 JSP Container 要用什么语言来编译 JSP 网页。

②extends="className" 定义此 JSP 页面产生的 Servlet 是继承自哪个父类。必须为实现 HttpJspPage 接口的类。

③import="importList" 定义此 JSP 页面可以使用哪些 Java API。

④session="true|false" 指明 JSP 页面是否需要一个 HTTP 会话，如果为 true，那么产生的 Servlet 将包含创建一个 HTTP 会话（或访问一个 HTTP 会话）的代码，缺省为 true。

⑤buffer="none|size in kb"：指定输出流缓存的大小。

⑥authflush="true|false"：决定输出流的缓冲区是否要自动清除。

⑦isThreadSafe="true"：此 JSP 页面能处理来自多个线程的同步请求，此值为 true，否则

为 false，生成的 Servlet 表明它实现了 SingleThreadMode 接口。

⑧info="text"：表示此 JSP 页面由 getServletInfo()方法返回的相关信息。

⑨isErrorPage="true|false"：表示如果此页面是被用作处理异常错误的页面，则为 true。

⑩errorPage="error_url"：表示如果发生异常错误，网页会被重新指向一个 URL 页面。

⑪contentType="ctinfo"：表示将在生成 Servlet 中使用的 MIME 类型和可选字符解码。

⑫pageEncoding="ctinfo"：表示 JSP 页面的编码方式。

⑬isELIgnored="true|false"：表示是否在此 JSP 网页中执行或忽略 EL 表达式。

（2）include 指令元素

功能：在 JSP 编译时插入包含一个文件。包含的过程是静态的，包含的文件可以是 JSP、HTML、文本或是 Java 程序。

语法格式：<%@ include file="header.inc"%>

（3）taglib 指令元素

功能：使用标签库定义新的自定义标签，在 JSP 页面中启用定制行为。

语法格式：

<%@ taglib (uri="tigLibURL" 或 tagDir="tagDir") prefix="tagPrefix" %>

属性（3 个）：

①. uri 属性：定位标签库描述符的位置。唯一标识和前缀相关的标签库描述符，可以使用绝对或相对 URL。

②. tagDir 属性：指示前缀将被用于标识在 WEV-INF/tags 目录下的标签文件。

③. prefix 属性：标签的前缀，区分多个自定义标签。不可以使用保留前缀和空前缀，遵循 XML 命名空间的命名约定。

3. JSP 标准操作元素（include、forward、param、useBean、setProperty，getProperty）

（1）<jsp:param>

功能：用于传递参数，必须配合<jsp:include>、<jsp:forward>、<jsp:plugin>动作一起使用。

语法格式：<jsp:param name = "name1" value = "value1"/>

（2）<jsp:include>

功能：用于动态加载 HTML 页面或者 JSP 页面。

语法格式：

```
<jsp:include page = "网页路径">
<jsp:param name = "name1" value = "value1"/>
<jsp:param name = "name2" value = "value2"/>
<jsp:include/>
```

在 JSP 页面中，可以利用下面的语法取得返回的参数：request.getParameter("name1")。

举例：

a. JSP 页面如下：

```
<jsp:include page = "b.jsp">
    <jsp:param name = "name1" value = "value1"/>
    <jsp:param name = "name2" value = "value2"/>
</jsp:include>
```

b. JSP 页面代码如下：

名字 1：<%=request.getParameter("name1")%>

名字 2：<%=request.getParameter("name2")%>

注意：“include 标准动作”和“include 指令”的差别在于，“include 标准动作”包含的页面在运行时被加入，而“include 指令”在编译时就被加入了。

（3）<jsp:forward>

功能：用于将浏览器显示的页面导向到另一个 HTML 页面或者 jsp 页面。

语法格式：<jsp:forward page = "网页路径"/>

当然，<jsp:forward>动作中也可以加入<jsp:param>参数，其设置和获得参数的方法与<jsp:include>类似。

（4）<jsp:plugin>

功能：用于加载 Applet，用途与 HTML 语法中的<Applet>及<Object>标记相同，该动作是在客户端执行的。

（5）<jsp:useBean>、<jsp:setProperty>、<jsp:getProperty>这三个专门用来操作 JavaBeans。

<jsp:useBean>：应用 JavaBean 组件。

<jsp:setProperty>：设置 JavaBean 的属性。

<jsp:getProperty>：将 JavaBean 的属性插入到输出中。

4. JSP 内置对象（request、response、out、pageContext、session、application、page、config、exception）

（1）out - javax.servlet.jsp.jspWriter

功能：out 对象用于把结果输出到网页上。

常用方法：

①void clear()：清除输出缓冲区的内容，但是不输出到客户端。

②void clearBuffer()：清除输出缓冲区的内容，并输出到客户端。

③void close()：关闭输出流，清除所有内容。

④void flush()：刷新输出缓冲区里面的数据。

⑤boolean isAutoFlush()：是否自动刷新缓冲区。

⑥void newLine()：输出一个换行字符。

⑦void print(E e)：将指定类型的数据输出到 Http 流，不换行。

⑧void println(E e)：将指定类型的数据输出到 Http 流，并输出一个换行符。

（2）request - javax.servlet.http.HttpServletRequest

功能：包含所有请求的信息，如请求的来源、标头、Cookies 和请求相关的参数值等。

①Object getAttribute(String name)：返回由 name 指定的属性值，该属性不存在时返回 null。

②Enumeration getAttributeNames()：返回 request 对象的所有属性名称的集合。

③String getCharacterEncoding()：返回请求中的字符编码方法，可以在 response 对象中设置。

④Cookie[] getCookies()：返回客户端所有的 Cookies 的数组。

⑤String getParameter(String name)：获取客户端发送给服务器端的参数值。

⑥Map getParameterMap()：该方法返回包含请求中所有参数的一个 Map 对象。

⑦Enumeration getParameterNames()：返回请求中所有参数的集合。

⑧String[] getParameterValues(String name)：获得请求中指定参数的所有值。

⑨RequestDispatcher getRequestDispatcher(String path)：按给定的路径生成资源转向处理适配器对象。

⑩void removeAttribute(String name)：在属性列表中删除指定名称的属性。

⑪void setAttribute(String name, Object value)：在属性列表中添加/删除指定的属性。

⑫void setCharacterEncoding(String name)：设置请求的字符编码格式。

⑬HttpSession getSession()，HttpSession getSession(boolean create)：获取 Session，如果 create 为 true，在无 Session 的情况下创建一个。

（3）response - javax.servlet.http.HttpServletResponse

功能：主要将 JSP 容器处理后的结果传回到客户端。

常用方法：

①void addCookie(Cookie cookie)：添加一个 Cookie 对象，保存客户端信息。

②void flushBuffer()：强制把当前缓冲区的内容发送到客户端。

③String getCharacterEncoding()：获取响应的字符编码格式。

④PrintWriter getWriter()：获取输出流对应的 Writer 对象。

⑤void reset()：清空缓冲区中的所有内容。

⑥void sendError(int xc, String msg)，void sendError(int xc)：发送错误，包括状态码和错误信息。

⑦void sendRedirect(String locationg)：把响应发送到另外一个位置进行处理。

⑧void setCharacterEncoding(String charset)：设置响应使用的字符编码格式。

（4）session - javax.servlet.http.HttpSession

功能：表示目前个别用户的会话状态，用来识别每个用户。

常用方法：

①Object getAttribute(String name)：获取与指定名字相关联的 Session 属性值。

②Enumeration getAttributeNames()：取得 Session 内所有属性的集合。

③long getCreationTime()：返回 Session 的创建时间，最小单位千分之一秒。

④String getId()：取得 Session 标识。

⑤int getMaxInactiveInterval(int interval)：返回总时间，以秒为单位，表示 Session 的有效时间（session 不活动时间）。-1 为永不过期。

⑥ServletContext getServletContext()：返回一个该 JSP 页面对应的 ServletContext 对象实例。

⑦void invalidate()：销毁这个 Session 对象。

⑧boolean isNew()：判断一个 Session 是否由服务器产生，但是客户端并没有使用。

⑨void setAttribute(String name, String value)：设置指定名称的 Session 属性值。

⑩void setMaxInactiveInterval(int interval)：设置 Session 的有效期。

⑪void removeAttribute(String name)：移除指定名称的 Session 属性。

（5）pageContext - javax.servlet.jsp.PageContext

功能：存储 JSP 页面相关信息，如属性、内建对象等。

常用方法：

①void setAttribute(String name, Object value, int scope)，void setAttribute(String name, Object value)：在指定的共享范围内设置属性。

②Object getAttribute(String name, int scope)，Object getAttribute(String name)：取得指定共

享范围内以 name 为名字的属性值。

③Object findAttribute(String name)：按页面、请求、会话和应用程序共享范围搜索已命名的属性。

④void removeAttribute(String name, int scope)，void removeAttribute(String name)：移除指定名称和共享范围的属性。

⑤void forward(String url)：将页面导航到指定的 URL。

⑥Enumeration getAttributeNamesScope(int scope)：取得指定共享范围内的所有属性名称的集合。

⑦int getAttributeScope(String name)：取得指定属性的共享范围。

⑧Exception getException()：取得页面的 exception 对象。

⑨JspWriter getOut()：取得页面的 out 对象。

⑩Object getPage()：取得页面的 page 对象。

⑪ServletRequest getRequest()：取得页面的 request 对象。

⑫ServletResponse getResponse()：取得页面的 response 对象。

⑬ServletConfig getConfig()：取得页面的 config 对象。

⑭ServletContext getServletContext()：取得页面的 servletContext 对象。

⑮HttpSession getSession()：取得页面的 session 对象。

⑯void include(String url, boolean flush)，void include(String url)：包含其他的资源，并指定是否自动刷新。

（6）application - javax.servlet.ServletContext

功能：用于取得或更改 Servlet 的设定。

常用方法：

①Object getAttribute(String name)：返回由 name 指定的 application 属性。

②Enumeration getAttributes()：返回所有的 application 属性。

③ServletContext getContext(String uripath)：取得当前应用的 ServletContext 对象。

④String getInitParameter(String name)：返回由 name 指定的 application 属性的初始值。

⑤Enumeration getInitParameters()：返回所有的 application 属性的初始值的集合。

⑥void removeAttribute(String name)：移除指定名称的 application 属性。

⑦void setAttribute(String name, Object value)：设定指定的 application 属性的值。

（7）config - javax.servlet.ServletConfig

功能：用来存放 Servlet 初始的数据结构。

常用方法：

①String getInitParameter(String name)：返回名称为 name 的初始参数的值。

②Enumeration getInitParameters()：返回这个 JSP 所有的初始参数的名称集合。

③ServletContext getContext()：返回执行者的 Servlet 上下文。

（8）exception - java.lang.Throwable

功能：错误对象，只有在 JSP 页面的 page 指令中指定 isErrorPage="true"后，才可以在本页面使用 exception 对象。

常用方法：

①Throwable fillInStackTrace()：将当前堆栈信息记录到 exception 对象中。

②String getMessage()：取得错误提示信息。

③StackTrackElement[] getStackTrace()：返回对象中记录的调用堆栈跟踪信息。

④Throwable getCause()：取出嵌套在当前异常对象中的异常。

⑤ void printStackTrace()，void printStackTrace(printStream s)，void printStackTrace (printWriter s)：打印出 Throwable 及其调用堆栈跟踪信息。

（9）page - javax.servlet.jsp.HttpJspPage

功能：代表 JSP 对象本身，或者说代表编译后的 Servlet 对象，可以用((javax.servlet.jsp.HttpJspPage)page)来取用它的方法和属性。

3.2.4 Servlet 技术

1. Servlet 的基本认识

Servlet 是服务器端程序：通过客户端请求调用，可以接受请求、返回相应信息、接受客户输入等，一个 Servlet 就是一个特定的 Java 类，HttpServlet 在 Servlet 的容器中运行。编写一个简单的 Servlet 程序的步骤如下：

（1）新建项目，新建 Servlet，使用模板自动生成，选择 doGet（request，response）新建类。

（2）修改 web.xml 文件：

```
//定义 servlet
<servlet>
      <servlet-name> 名称  </servlet-name>
      <servlet-class> 包，类 </servlet-class>
</servlet>
//url 映射 servlet
<servlet-mapping>
      <servlet-name> 名称 </servlet-name>
      <url-pattern> /路径 </servlet-pattern>
</servlet-mapping>
```

（3）部署项目，测试运行 servlet：….//项目名称/servlet/类名。

注意：

跳转路径写法：

"/view.jsp"——指向的是当前页的站点的根路径，即项目指向的路径。一般 JSP 页面应该是这个路径。

"view.jsp"——指向的是当前页所在的路径。

提交路径写法：

action="servlet/ControlServlet"——指的是当前页所在路径。

action="/servlet/ControlServlet"——指的是当前页所在项目的根路径。

2. Servlet 重定向：客户端跳转（具体应用在响应对象讲解）

Response.sendRedirect("path");

3. Servlet 的生命周期

- Servlet 容器装载 Servlet 类并实例化一个 Servlet 实例对象。
- Servlet 容器调用该实例对象的 init()方法进行初始化。

- 如果 Servlet 容器收到对该 Servlet 的请求，则调用此实例对象的 service()方法处理请求并返回响应结果。
- Servlet 容器在卸载该 Servlet 实例前调用它的 destroy()方法。

4. Servlet 和 JSP 的关系

从表面上看，JSP 页面已经不再需要 Java 类，似乎完全脱离了 Java 面向对象的特征。事实上，JSP 是 Servlet 的一种特殊形式，每个 JSP 页面就是一个 Servlet 实例——JSP 页面由系统编译成 Servlet，Servlet 再负责响应用户请求。JSP 其实也是 Servlet 的一种简化，使用 JSP 时，其实还是使用 Servlet，因为 Web 应用中的每个 JSP 页面都会由 Servlet 容器生成对应的 Servlet。对于 Tomcat 而言，JSP 页面生成的 Servlet 放在 work 路径对应的 Web 应用下。

JSP 是一种脚本语言，包装了 Java Servlet 系统的界面，简化了 Java 和 Servlet 的使用难度，同时通过扩展 JSP 标签（Tag）提供了网页动态执行的能力。尽管如此，JSP 仍没有超出 Java 和 Servlet 的范围，不仅 JSP 页面上可以直接写 Java 代码，而且 JSP 是先被译成 Servlet 之后才实际运行的。JSP 在服务器上执行，并将执行结果输出到客户端浏览器。

3.3　本章小结

本章首先介绍了 Java EE 典型工具的开发应用模式。读者通过有效地掌握这三种工具的应用，可以在后续的实训项目中，根据自己的偏好，选择适合的工具平台完成实训工作；并认真体会 Java EE 编程的基本模式和精髓。

Java EE 关键技术很多，本章集中介绍了其中 4 种比较常用的关键技术以及它们的具体使用方法和应用模式；读者可以将本部分讲解作为备用知识库进行查询，也可以作为复用代码库添加到自己的项目代码中。

第 4 章　学生成绩管理系统（C 级）

项目目标：

本项目为必做项目，相比于一般 Java 课程中基于文本编辑模式的程序设计，要求首先熟悉和习惯基于 JBuilder 平台开发 Java 应用程序的一般方法，在界面设计中练习使用 JBuilder 容器和组件、掌握并灵活应用布局管理器，掌握菜单设计和菜单事件响应机制，掌握 JDBC 数据库连接方法和技巧。

本项目实现以 JBuilder 2006 为例，便于入手；读者可根据 3.1 节介绍，分别以 Eclipse 和 MyEclipse 实现。

4.1　项目概述

学生成绩管理系统是学生熟悉的 MIS（信息管理系统），是学生易于理解和掌握的，便于程序设计和拓展开发。本系统以友好的图形界面实现，包括：学生信息管理、课程管理、成绩管理等功能；系统整体功能结构如图 4-1 所示。

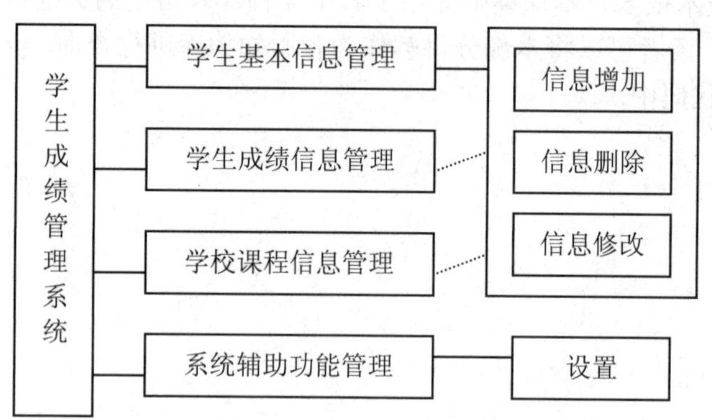

图 4-1　系统功能结构图

读者在完成本教程涉及的基本管理功能后，可以自行添加用户系统身份验证、用户角色识别，以及进行信息查询、更新、打印、备份等功能。

4.2　数据库设计

打开 Oracle 10g XE 浏览器工作模式，以 shiy 客户登入，建立表空间，如图 4-2 所示，向导分为四个步骤，分别是设置列字段、设置主键、设置外键、设置约束条件等。

依据向导，最终设计的学生信息表如图 4-3 所示，学生课程信息表如图 4-4 所示，学生学期信息表如图 4-5 所示，学生成绩表如图 4-6 所示。

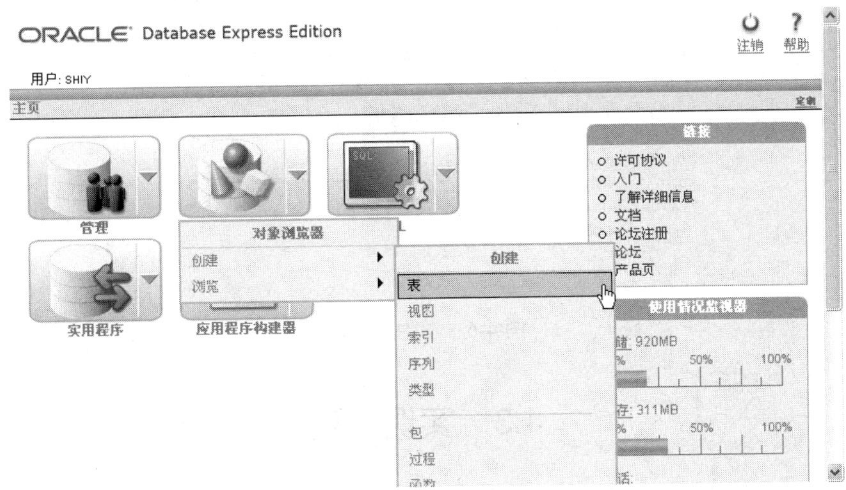

图 4-2　创建数据表

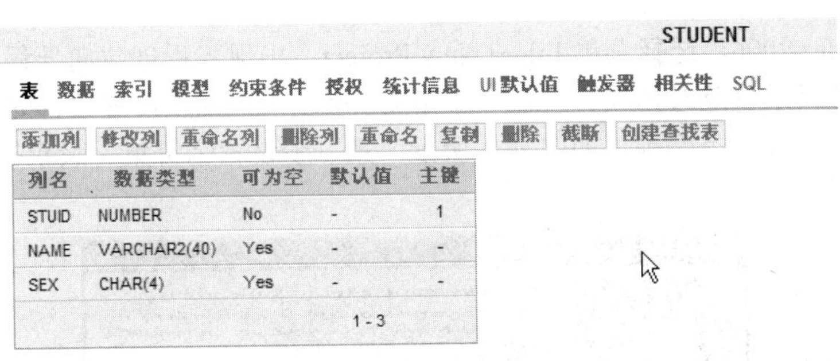

STUDENT

表　数据　索引　模型　约束条件　授权　统计信息　UI 默认值　触发器　相关性　SQL

添加列　修改列　重命名列　删除列　重命名　复制　删除　截断　创建查找表

列名	数据类型	可为空	默认值	主键
STUID	NUMBER	No	-	1
NAME	VARCHAR2(40)	Yes	-	-
SEX	CHAR(4)	Yes	-	-
			1 - 3	

图 4-3　学生信息表

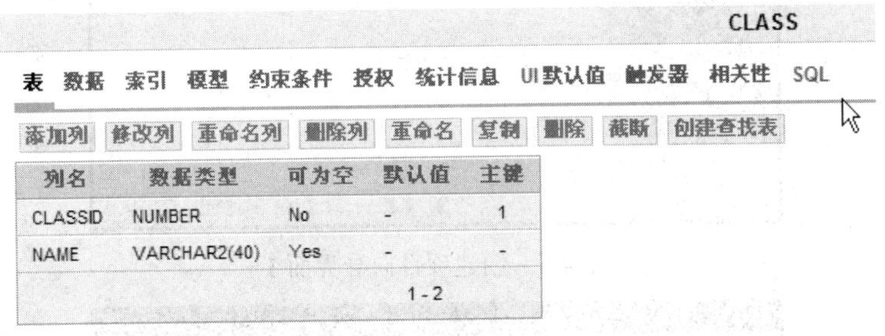

CLASS

表　数据　索引　模型　约束条件　授权　统计信息　UI 默认值　触发器　相关性　SQL

添加列　修改列　重命名列　删除列　重命名　复制　删除　截断　创建查找表

列名	数据类型	可为空	默认值	主键
CLASSID	NUMBER	No	-	1
NAME	VARCHAR2(40)	Yes	-	-
			1 - 2	

图 4-4　课程信息表

GRADE

表　数据　索引　模型　约束条件　授权　统计信息　UI 默认值　触发器　相关性　SQL

添加列　修改列　重命名列　删除列　重命名　复制　删除　截断　创建查找表

列名	数据类型	可为空	默认值	主键
GRADEID	NUMBER	No	-	1
NAME	VARCHAR2(40)	Yes	-	-
			1 - 2	

图 4-5　学期信息表

SCORE

表 数据 索引 模型 约束条件 授权 统计信息 UI默认值 触发器 相关性 SQL

添加列 修改列 重命名列 删除列 重命名 复制 删除 截断 创建查找表

列名	数据类型	可为空	默认值	主键
GRADEID	NUMBER	Yes	-	-
CLASSID	NUMBER	Yes	-	-
SUTID	NUMBER	Yes	-	-
NAME	VARCHAR2(40)	Yes	-	-
SCORE	NUMBER(2,0)	Yes	-	-

1 - 5

图 4-6　学生成绩表

4.3 实现步骤

4.3.1 建立项目工程

打开 JBuilder 2006，选择菜单 File→New Project，出现工程创建向导程序：第一步填写项目名称、存储目录以及选择项目模板，如图 4-7 所示；第二步设置项目的 JDK、输入输出路径，以及选择必须的类库等，如图 4-8 所示；第三步设置字符集、版权等信息，如图 4-9 所示。

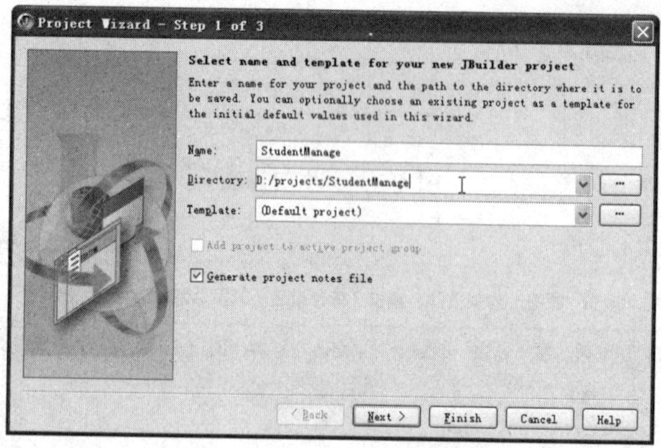

图 4-7　创建项目向导界面 1

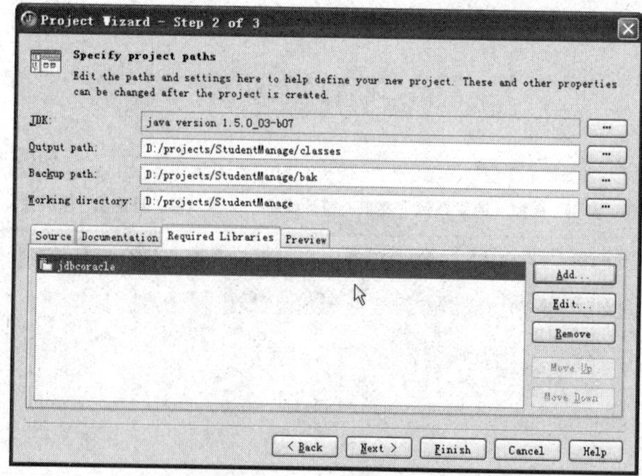

图 4-8　创建项目向导界面 2

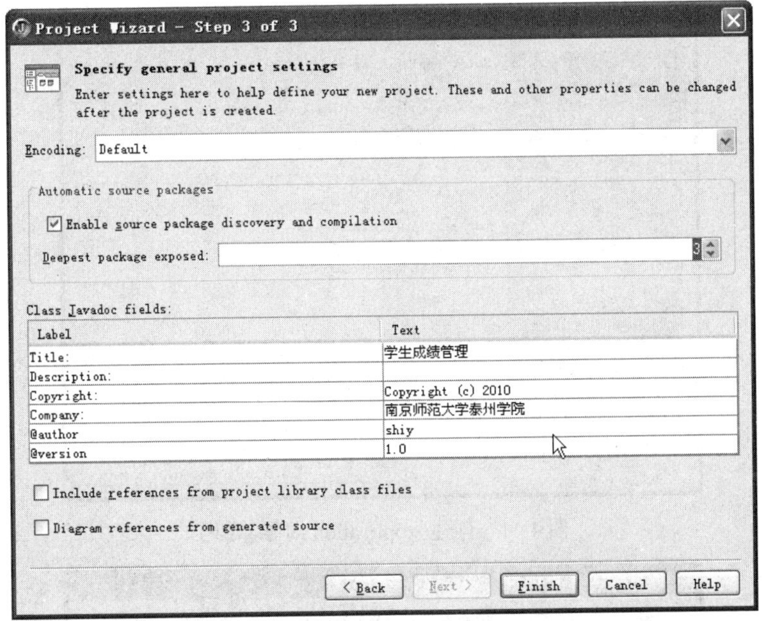

图 4-9　创建项目向导界面 3

创建一个工程，事实上创建了一个文件夹（包），如图 4-10 所示。

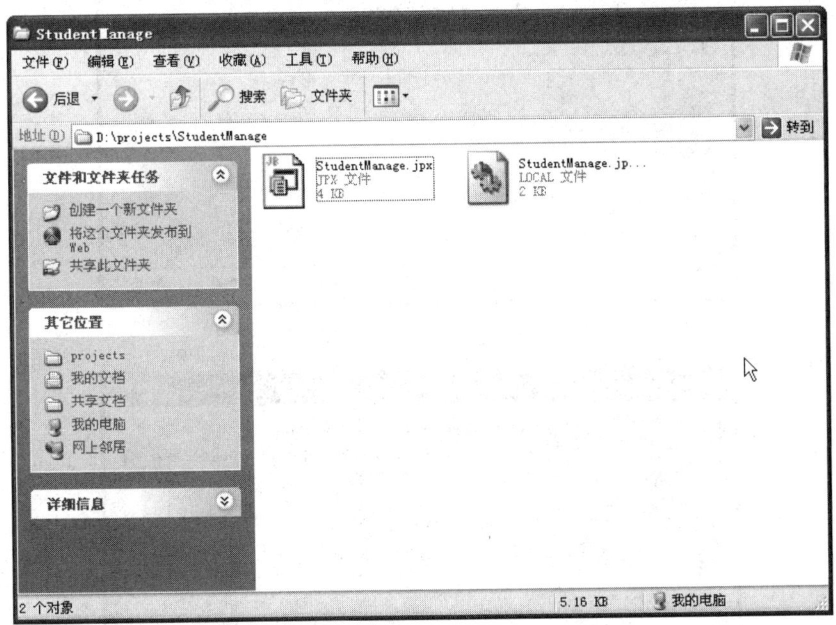

图 4-10　创建工程后的文件夹

4.3.2　创建应用程序

选择菜单 File→New，在 General 选项中选择 Application，依据向导填写 Application 类名，即 main 函数入口，如图 4-11 所示；在图 4-12 中设置 Application 界面类名，选择工具栏、菜单等；在图 4-13 中创建一个运行实例。

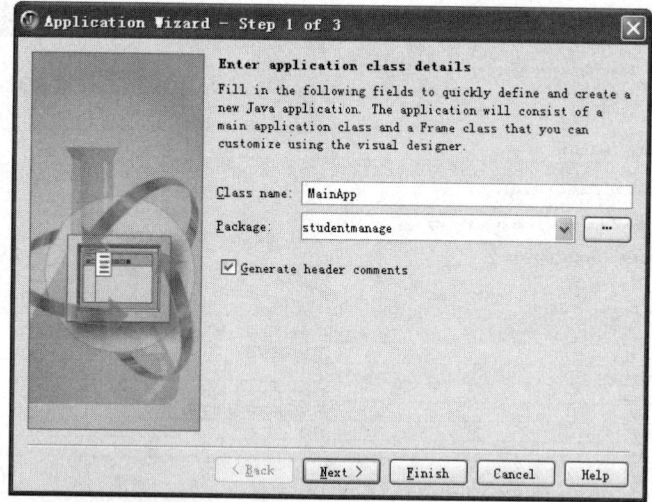

图 4-11 创建 Application 向导界面 1

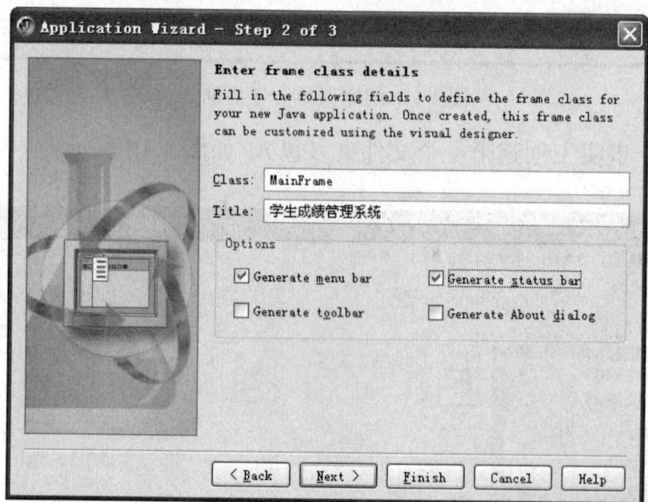

图 4-12 创建 Application 向导界面 2

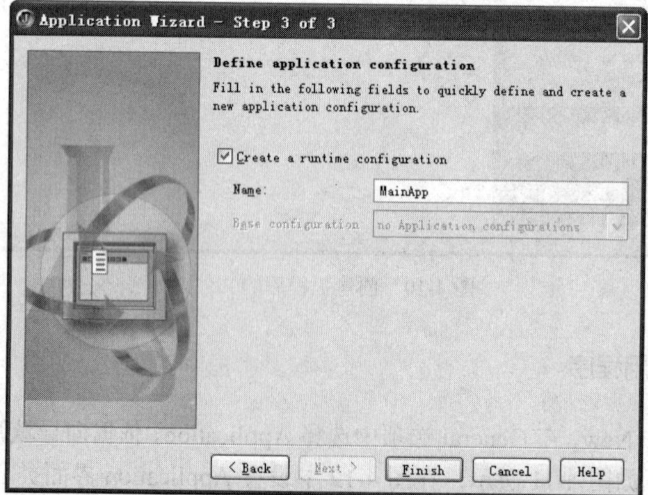

图 4-13 创建 Application 向导界面 3

创建完毕后项目文件夹如图 4-14 所示。

图 4-14　创建 Application 后的项目文件夹

4.3.3　编辑菜单

打开 MainFrame 类 Design 视图，双击其中的 Menu→jMenuBar1，编辑菜单，其编辑界面如图 4-15 所示。

图 4-15　MainFrame 菜单编辑

生成的 MainFrame 类结构如图 4-16 所示。

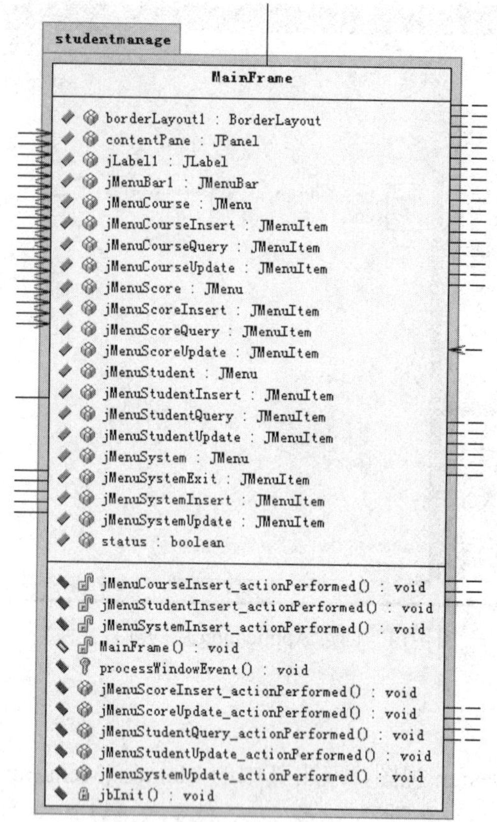

图 4-16　MainFrame 类包图

4.3.4　创建功能面板

选择菜单 File→New，在 General 选项中选择 Panel，进入 Panel Wizard，如图 4-17 所示，输入类名并单击 OK 按钮，生成一个空面板。

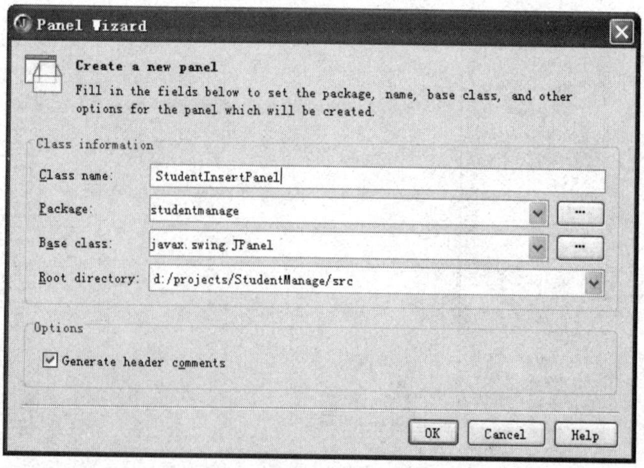

Panel Wizard

Create a new panel

Fill in the fields below to set the package, name, base class, and other options for the panel which will be created.

Class information

Class name: StudentInsertPanel

Package: studentmanage

Base class: javax.swing.JPanel

Root directory: d:/projects/StudentManage/src

Options

☑ Generate header comments

OK　Cancel　Help

图 4-17　创建学生信息录入面板

根据需求，还需要创建学生信息录入、查询、修改功能面板，课程、学期录入、修改等功能面板。

4.3.5　创建 JDBC 连接

创建类 DBConnect.java，其类属性和类方法如第 3.1.1 所示，实现数据库访问。

创建完整的项目结构如图 4-18 所示。

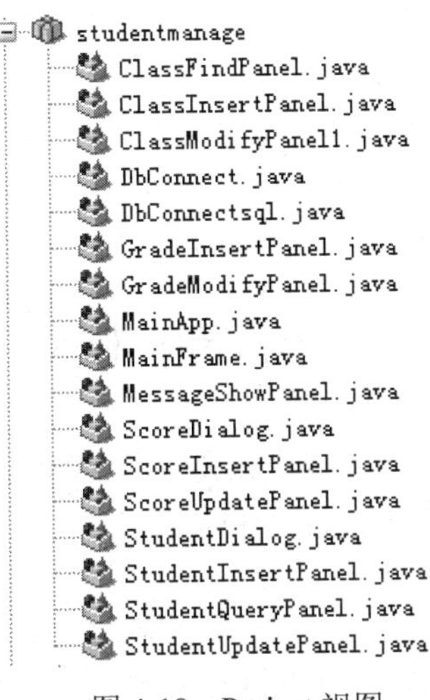

图 4-18　Project 视图

4.4　JavaUI 布局管理器

因为 Java 语言的目标是跨平台的，在 UI 设计组件位置定位时使用绝对坐标显然会出现问题，即在不同平台、不同分辨率下的显示效果不一样。Java 为了实现跨平台的特性并且获得动态的布局效果，将容器内的所有组件安排给一个“布局管理器”负责管理，如排列顺序，组件的大小位置等，窗口移动或调整大小后组件如何变化等功能授权给对应的容器布局管理器来管理，不同的布局管理器使用不同算法和策略，容器可以通过选择不同的布局管理器来决定布局。

Java 中常用的布局管理器有 6 种，通过使用 6 种布局管理器组合，能够设计出复杂的界面，而且在不同操作系统平台上都能够获得一致的显示界面。6 种布局管理器分别是 BorderLayout、BoxLayout、FlowLayout、GridBagLayout、GridLayout 和 CardLayout。

在理解这 6 种布局管理器工作方法之前，读者一定要掌握并且灵活应用 BorderLayout 和 GridLayout。

（1）BorderLayout 布局管理器

BorderLayout 是顶层容器（JFrame、JDialog 和 JApplet）的默认布局管理器，也是一种非常简单的布局策略，它把容器内的空间简单地划分为东、西、南、北、中五个区域，每加入一个组件都应该指明把这个组件加在哪个区域中。如果容器的大小发生变化，其变化规律为：组件的相对位置不变，大小发生变化。例如容器变高了，则 North、South 区域不变，West、Center、East 区域变高；如果容器变宽了，West、East 区域不变，North、Center、South 区域变宽。不一定所有的区域都有组件，如果四周的区域（West、East、North、South 区域）没有组件，则由 Center 区域去补充，但是如果 Center 区域没有组件，则保持空白。

（2）GridLayout 布局管理器

GridLayout 将成员按网格型排列，每个成员尽可能地占据网格的空间，每个网格也同样尽可能地占据空间，从而各个成员按一定的大小比例放置。如果你改变大小，GridLayout 将相应地改变每个网格的大小，以使各个网格尽可能地大，占据 Container 容器全部的空间。组件就位于这些划分出来的小区域中，所有的区域大小一样。组件按从左到右、从上到下的方法加入。

采用 BorderLayout 和 GridLayout 配合使用，可以完成类似 JBuilder、Eclipse、NetBeans，微软的 Visual Studio 等很多软件的流行界面。本书中所有的实例也都是采用了这两种布局模式。

4.5 添加事件响应

JBuilder 中添加事件响应比较方便，用户只需显式的为目标组件添加事件响应函数并写函数体，JBuilder 会自动做好事件监听器的注册和管理。

4.5.1 菜单事件响应

菜单事件添加过程如图 4-19 所示，选中菜单条目后，切换到 Events 页面，在其中的事件列表中选中需要添加的事件，本程序选择添加 mousePressed 事件，双击完成操作。

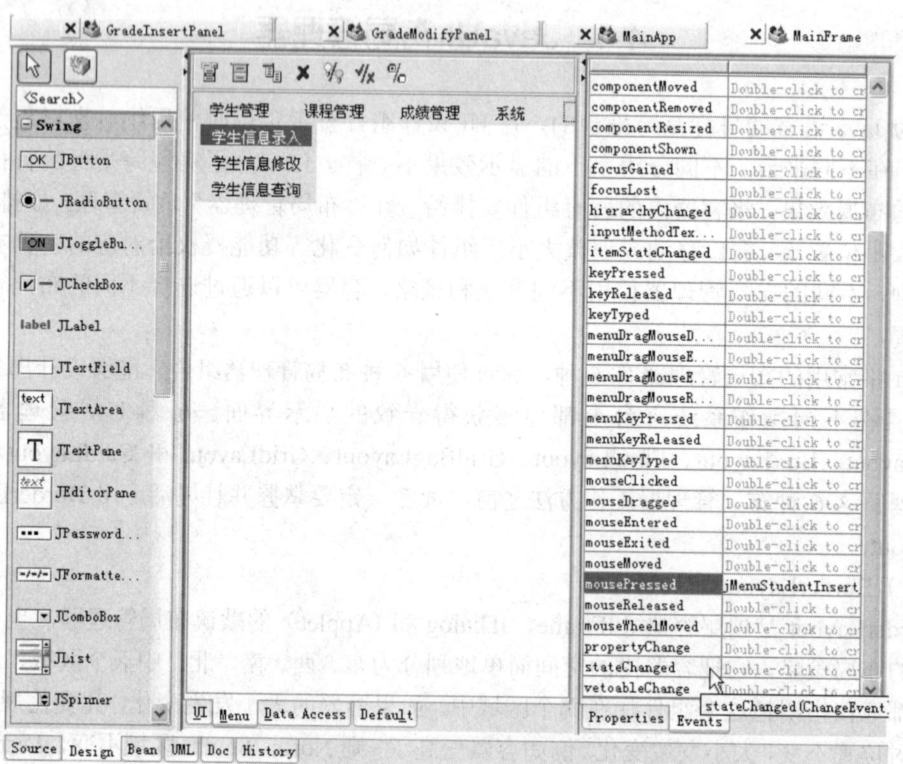

图 4-19 添加 menuPressed 的事件响应函数

添加事件函数后，将在主程序体自动出现定义的 Event Adapter 类，完成 listener 的注册，读者只需关注完成函数功能部分就可以了，函数体如下所示：

```
public void jMenuStudentInsert_mousePressed(MouseEvent e) {
/*添加的事件响应函数体，完成面板切换，即实现既定的面板如欢迎面板，切换到学生信息录入面板*/
        StudentInsertPanel si=new StudentInsertPanel(this);   //构造学生信息输入面板实例
        this.remove(this.getContentPane());   //移去当前面板
        this.setContentPane(si);   //设置当前面板为学生信息输入面板
        this.setVisible(true);
}
```

4.5.2　窗体事件响应

如图 4-20 所示，选择目标组件后，如选择输入按钮，切换到 Events 页面，在其中的事件列表中选中需要添加的事件，本程序选择添加 keyPressed 事件，双击完成操作。

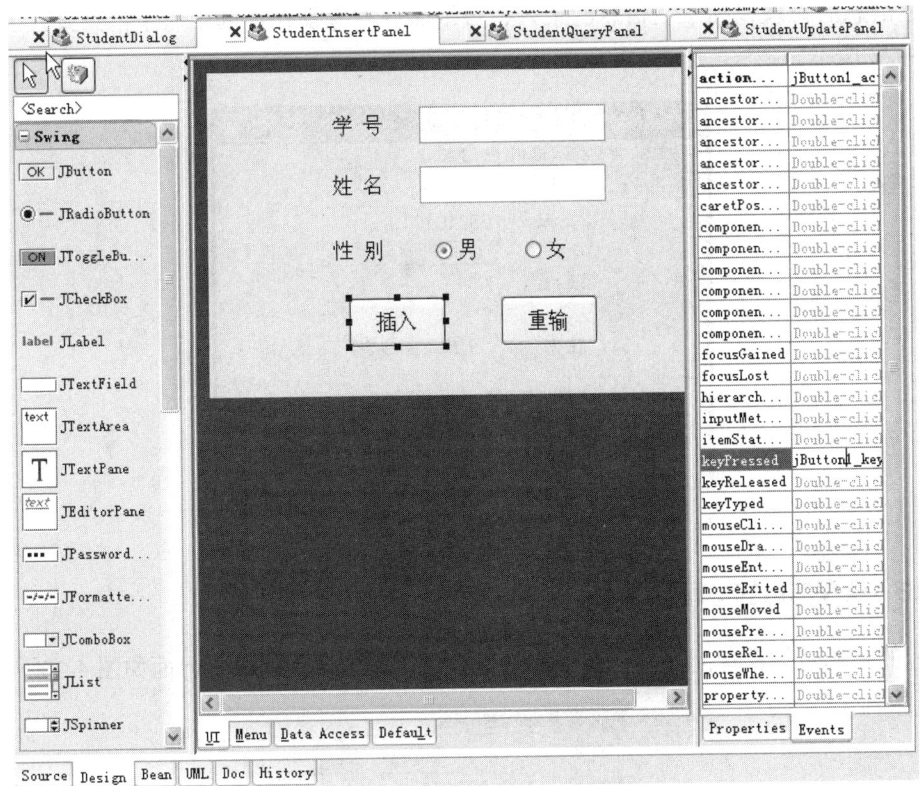

图 4-20　窗体事件响应函数添加

4.6　实现效果

4.6.1　主界面效果

主界面定义固定大小，如 600*550，效果如图 4-21 所示。

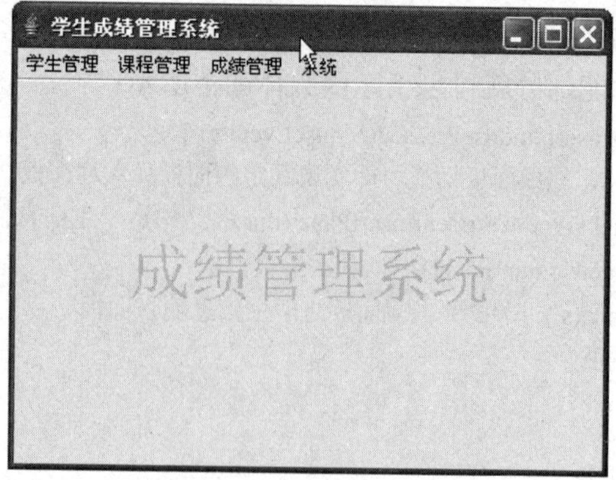

图 4-21　主界面效果

4.6.2　学生信息的管理

学生信息的管理包括学生信息的录入、查询、修改等操作，其中学生信息录入界面的效果如图 4-22 所示。

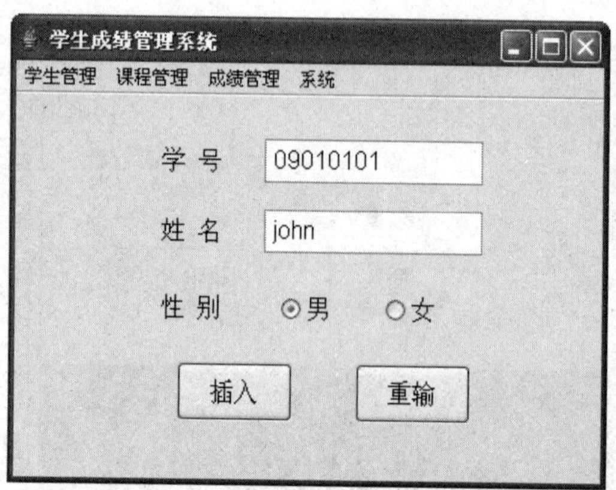

图 4-22　学生信息录入

4.6.3　课程信息的管理

课程的管理包括课程的插入、查询和修改操作，其中课程的插入界面如图 4-23 所示。

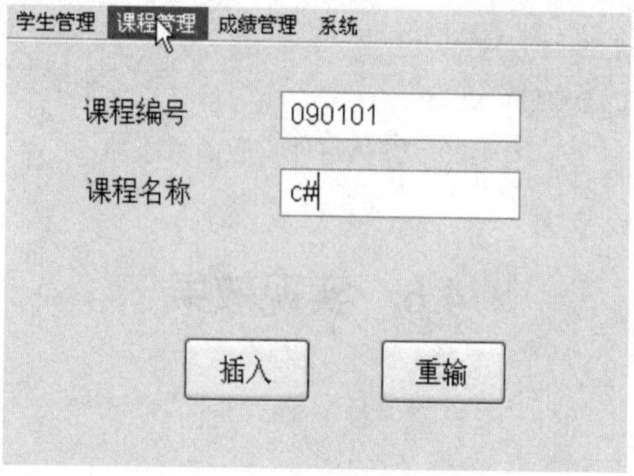

图 4-23　课程信息的插入

4.6.4 学期信息的管理

学期信息的管理包括学期的设定和修改操作，其中学期修改效果如图 4-24 所示。

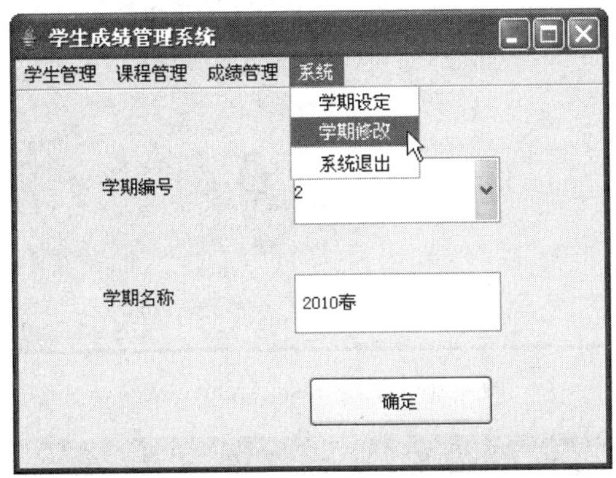

图 4-24　学期信息的修改

4.6.5 学生成绩管理

学生的成绩管理包括成绩的录入和查询，其中成绩的录入效果如图 4-25 所示。

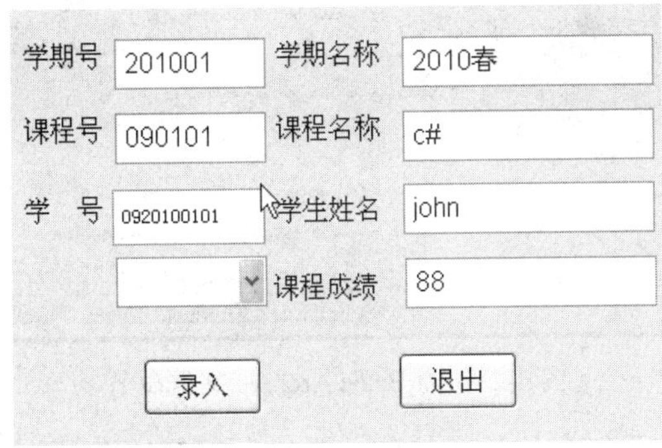

图 4-25　成绩的录入

4.7 应用程序打包发布

程序开发完毕后，制作一个在一定平台下的可执行文件并交付给客户是必要的。JBuilder 2006 提供了一套程序打包、发布的可视化方法，分两个步骤：首先制作 Basic JAR 文件；在此基础上打包制作 EXE 文件或可执行的 JAR 文件。

4.7.1 打包基本的 JAR 文件

选择菜单 New→Archive→Basic，如图 4-26 所示，依据向导制作基本 JAR 文件，详细步骤如图 4-27 到图 4-33 所示。

如图 4-27 所示，在 File 文本框中填写将要创建的 JAR 文件名称；下面两个选中的复选框分别表示采取内容压缩和只要编译时就重新构建 JAR 文件。

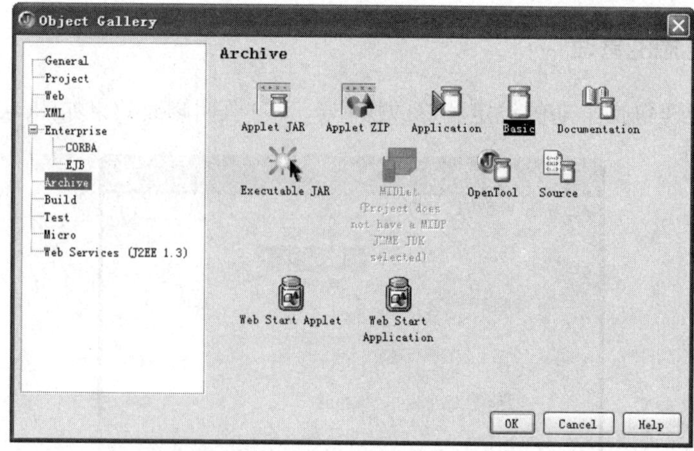

图 4-26 制作 Basic Archive 文件

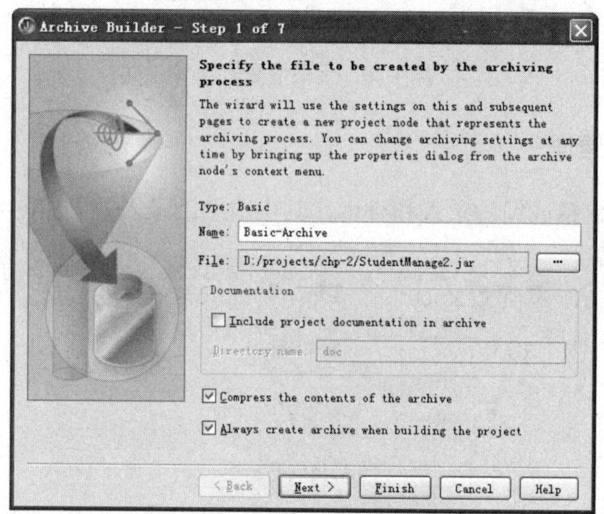

图 4-27 为 Basic Archive 文件命名

如图 4-28 所示，确定要包含的具体的包、类以及标签等资源，一般选择指定资源即可。

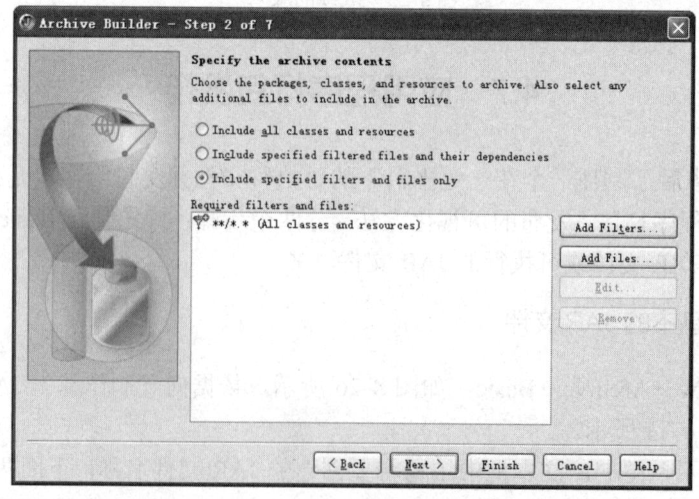

图 4-28 确定 Basic Archive 文件包含资源

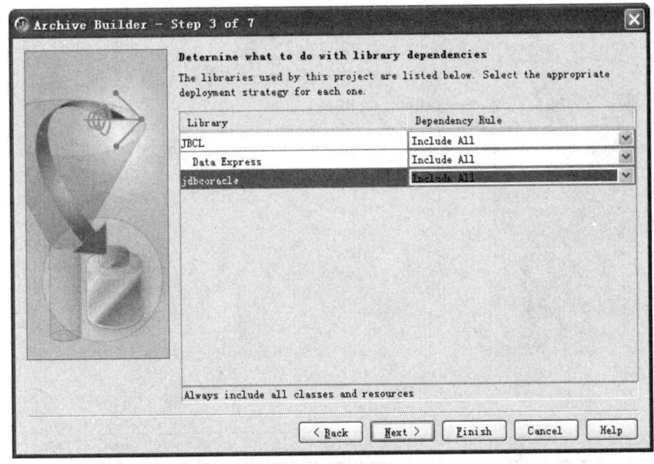

图 4-29　确定 Basic Archive 文件包含第三方类库

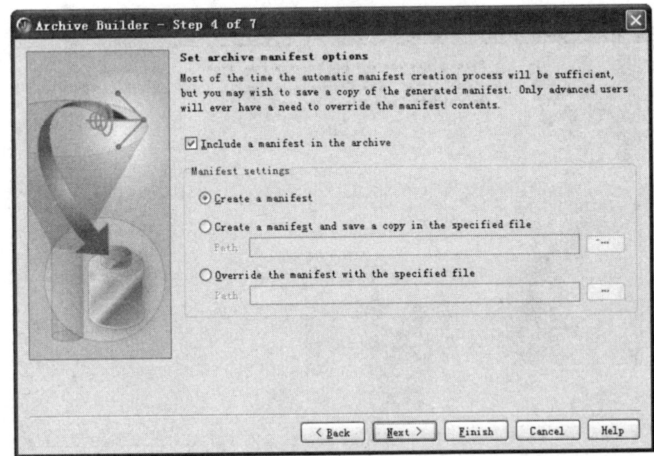

图 4-30　确定 Basic Archive 文件 Manifest

采用混淆器是 Java 程序防止反编译的有效手段，JBuilder 2006 自带 RetroGuard 混淆器。一般情况下，通过单独下载其他开源的混淆器进行 Java 防反编译操作。

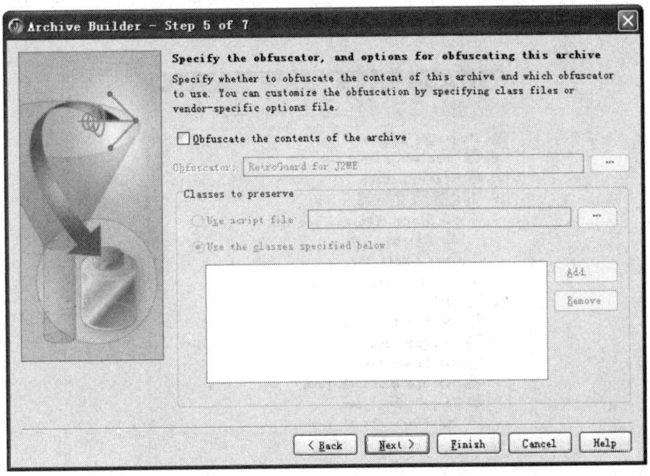

图 4-31　确定 Basic Archive 文件混淆器

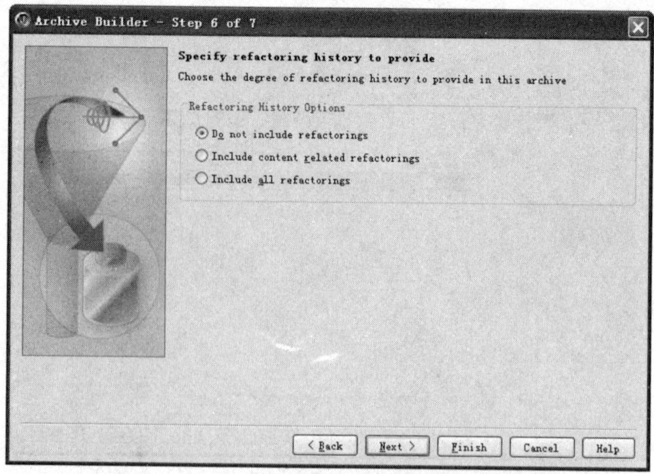

图 4-32 确定 Basic Archive 文件是否记录重构过程

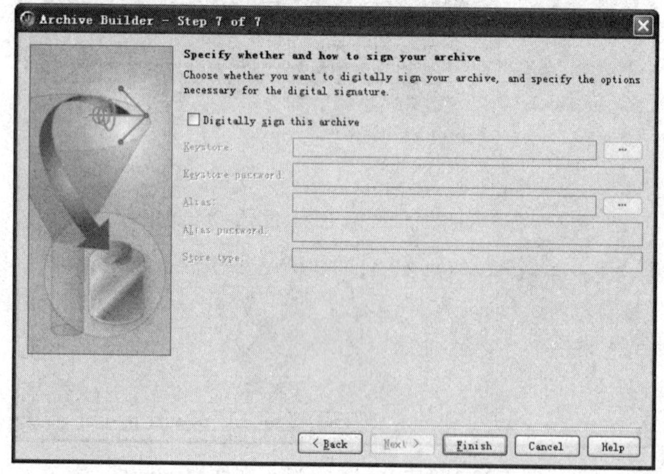

图 4-33 确定 Basic Archive 文件签名信息

完成向导的各项设置之后，在工程面板会出现 Basic-Archive 条目，选中后右击选择快捷菜单中的 Make 命令，或者直接编译工程，会生成名称为 StudentManage2.jar 的文件，如图 4-34 所示。

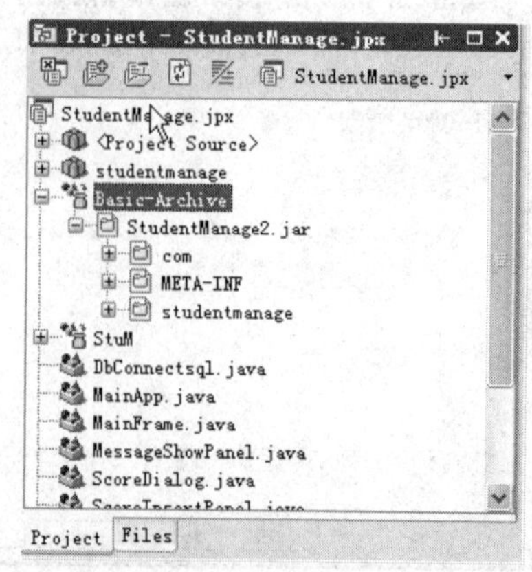

图 4-34 含 Basic-Archive 的工程结构图

4.7.2　打包可执行文件

选择菜单 New→Archive→Executable JAR，如图 4-35 所示，依据向导制作可执行文件，详细步骤如图 4-36 到图 4-39 所示。

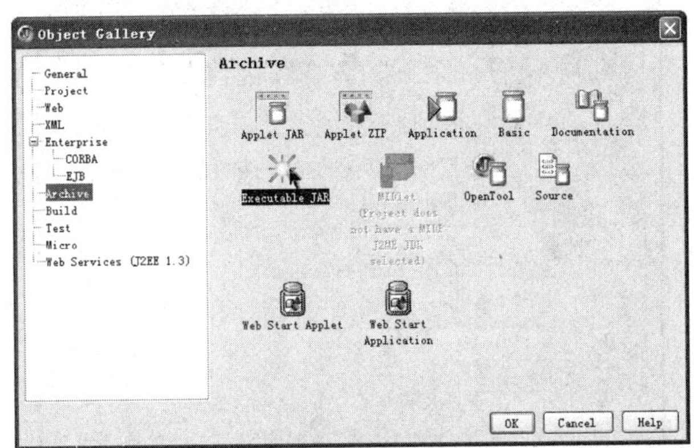

图 4-35　制作可执行文件

如图 4-36 所示，Name 文本框为在工程结构图中列出的条目，JAR File 文本框为选择的 Basic JAR 文件；复选框表示只要编译工程就生成可执行文件。

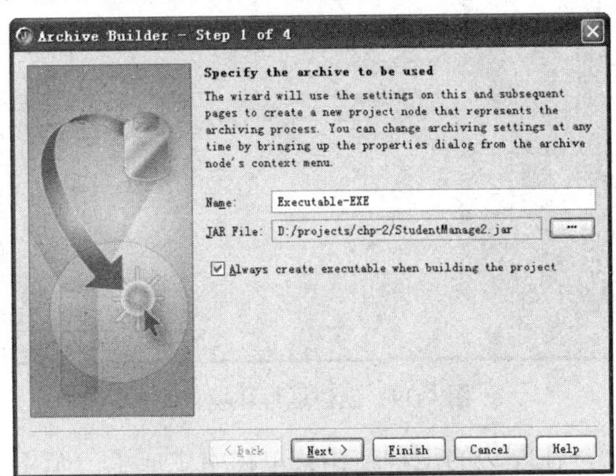

图 4-36　选择 Basic JAR

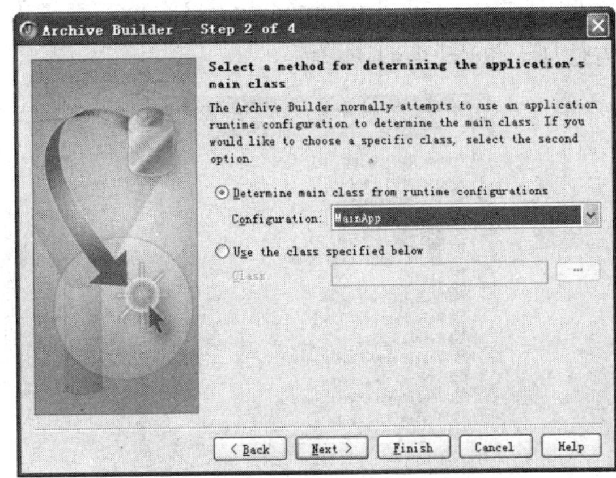

图 4-37　指定工程的 Main 函数

如图 4-38 所示，JBuilder 2006 提供了 5 种不同类型的可执行文件类型，分别是 Windows 图形界面程序、Windows 文字界面程序、Linux 程序、Solaris 程序和 Mac OS X 程序；可以多选。

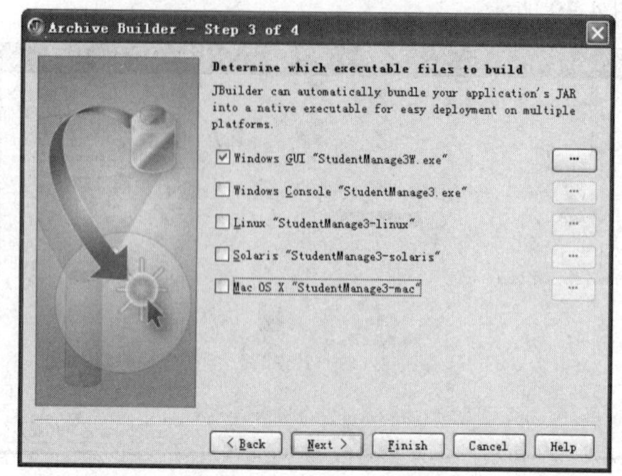

图 4-38 选择目标平台

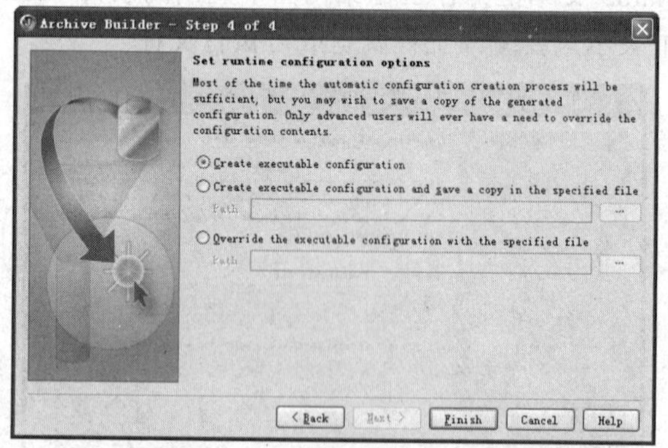

图 4-39 创建运行环境说明

依据向导设置结束后，在左边的工程结构菜单树中生成了一个 Executable-EXE 条目，右键单击它，选择快捷菜单中的 Make 或编译工程文件，可以发现在 Executable-EXE 下生成可执行文件，如图 4-40 所示；此时就可以把 StudentManage3W.exe 单独发布，在其他配置了 JDK 的 Windows 环境下独立运行了，如图 4-41 所示。

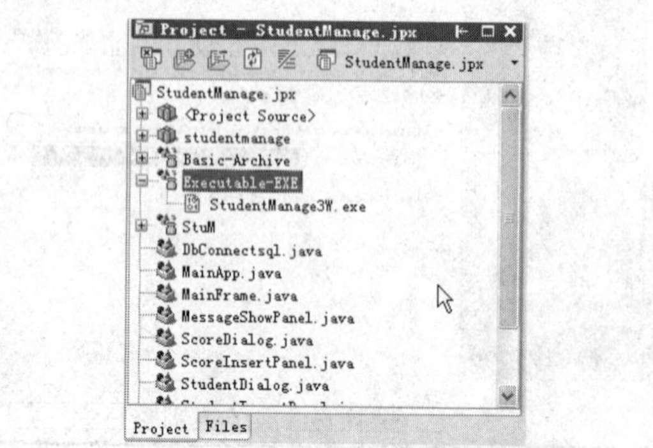

图 4-40 含 EXE 文件的工程结构图

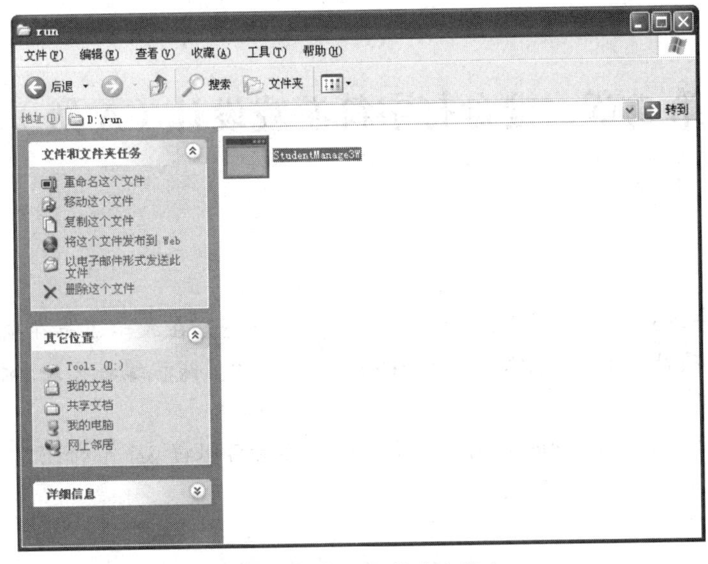

图 4-41　EXE 文件独立发布

4.8　本章小结

本章基于 JBuilder 2006 平台完成了学生成绩信息管理系统，由于成绩信息等数据模型是学生熟悉的，因此本项目的开发过程易于被学生接受，并且利于感兴趣的同学通过功能扩展，开发更为实用的学生信息管理系统。

对于熟悉 JDK 编程模式的同学，转化到基于可视平台的 Java 编程模式，一定要充分利用其中的 UI 界面设计技巧，掌握 Java 的布局模式应用和事件响应机制。

第 5 章　键盘打字符游戏设计（A 级）

项目目标：

当前窗口程序运行机制都是多线程的。多线程编程无论在教学还是在项目开发过程中都是难点。通过本章项目实训，要求掌握基于 JBuilder 平台的多线程编程方法和技巧，掌握 Applet 的编程技术及应用。

本项目实现以 JBuilder 2006 为例，便于入手；读者可根据 3.1 节介绍，分别以 Eclipse 和 MyEclipse 实现。

5.1　项目概述

Java Applet 是用 Java 语言编写的一些小应用程序，这些程序直接嵌入到页面中，由支持 Java 的浏览器解释执行产生特殊效果，大大提高 Web 页面的交互能力和动态执行能力。当用户访问这样的网页时，Applet 被下载到用户的计算机上执行，一旦下载完毕，它的执行速度不受网络带宽的限制，用户可以更好地欣赏网页上 Applet 产生的多媒体效果；特别用于图形绘制，字体和颜色控制，动画和声音的插入，人机交互及网络交流等功能。

本程序随机地在页面顶端产生下落的字母，同时捕获用户按下的匹配键盘字母，如果按下的字母和下落字母相同，即为击中，相应的字母将消失，正确数递增 1；字母落到页面底端后，还没有按下相应字母，失败数递增 1；每产生一个下落的字母，总数递增 1。本程序的控制部分的数据流程图如图 5-1 所示，字符计数部分的数据流程图如图 5-2 所示。

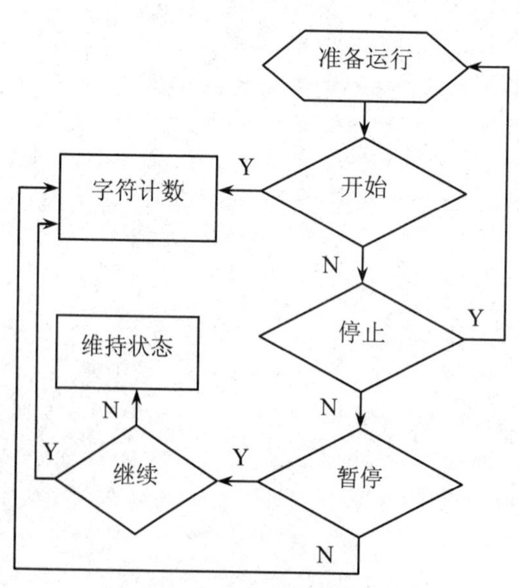

图 5-1　程序控制流程图

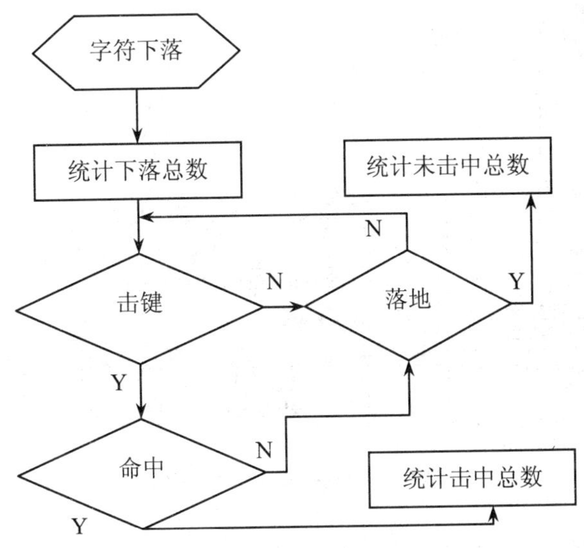

图 5-2　字符下落计数流程图

程序设计上，主界面采用画布 Canvas 组件，被分隔为 10 个栏，每栏作为字母下来的轨道。游戏提供了 3 个 JButton 按钮，分别用于控制游戏的开始/暂停、结束以及保存游戏成绩。本程序的重点在线程的设计、人机交互的设计。对于第三个按钮，保存游戏的成绩到客户端的 D:\result.txt 文件中，读者可自行解决。

5.2　多线程设计

本例采用内部类机制实现多线程，其中每个下落的字母对应一个线程实例，称为 DropCharThread 线程，它由一个产生器定时产生出来，这个产生器也是一个线程，称为 GenerateDropThread 线程。

5.2.1　字母下落线程

DropCharThread 是一个线程，产生将一个随机的字母在画布的特定栏中向下落，并实时检测是否被击中，如果击中马上消失，否则一直落到画布的底端。

DropCharThread 类结构及其成员变量如图 5-3 所示。

其中，其成员变量：

```
char c;    //对应的字母
int colIndex;   //对应画布的栏序号，第一栏为 1，第二栏为 2，以此类推
int x, y;   //当前字母在画布中的坐标
private static final int ACTION_DRAW_FONT = 1;      //表示画字符
private static final int ACTION_CLEAR_FONT = 2;    //表示清除字符
```

重要成员方法：

```
public DropCharThread(char c, int colIndex)    //构造函数，传入字母和栏序号
private void draw(int actionType)    //在画布中特写的位置上画字母
```

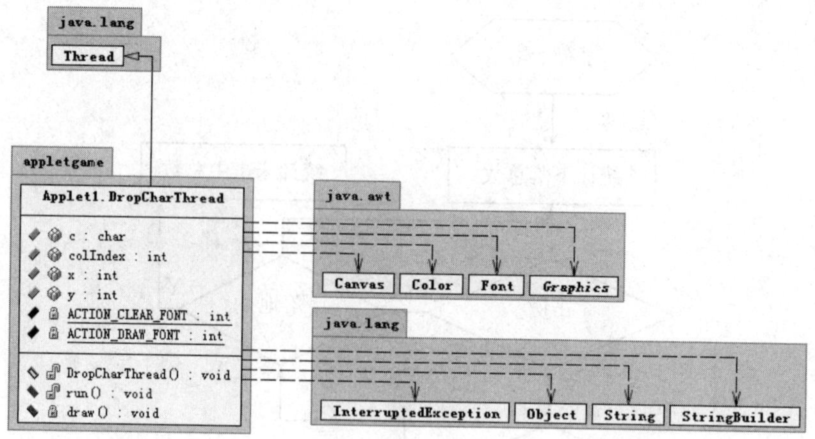

图 5-3 DropCharThread 类包图

5.2.2 字母产生线程

GenerateDropThread 随机产生字母线程，负责定时产生一个 DropCharThread 线程实例，通过 generateInterval 成员变量控制产生 DropCharThread 线程实例的频率。其类结构如图 5-4 所示。

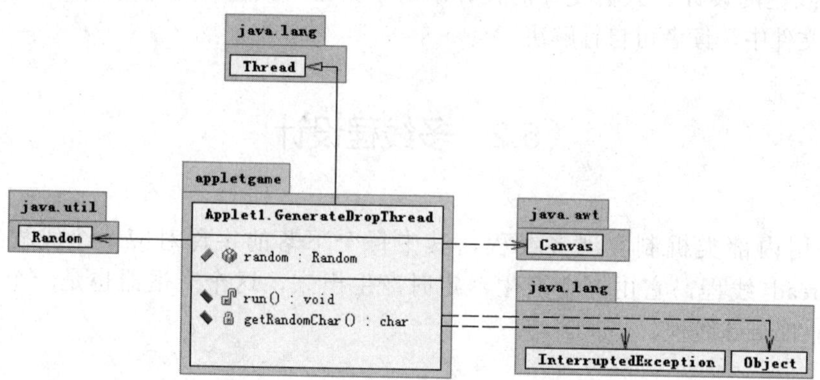

图 5-4 GenerateDropThread 类包图

其成员变量：

Random random = new Random(); //负责产生随机数

其重要成员方法：

private char getRandomChar()//获取一个随机的字母

5.3 关键实现和效果

5.3.1 程序框架生成

1. 利用向导生成 Applet

首先创建一个工程，过程可参见第 2 章，我们将工程命名为 AppletGame。然后创建一个

Applet，执行菜单 File→New→Web，双击 Applet，依 Applet 向导完成程序构建，共有四个步骤，其中：

- ClassName：Applet 的类名，填入 Applet1。
- Package：包名，接受默认值。
- Base Class：父类，选择 javax.swing.JApplet（Applet 以 AWT 为基础，而 JApplet 以 Swing 为基础）。
- Generate header comments：可选项。
- Can run standalone：是否将 Applet 设置为可独立运行，如选择，JBuilder 将为其生成一个 main 函数，通过修改它，使其可以像一般可运行类那样运行这个 Applet 中的功能。
- Generate standard methods：是否生成 Applet 的标准函数，全部选择后分别生成 init()、start()、stop()、destroy()。
- 定义 Applet 的参数：Applet 的参数是指通过网页中<applet>标签的<param>指定的参数值，这些值可以在 Applet 类中引用到，暂不设置。
- 创建运行配置项：JBuilder 允许你决定是否为 Applet 生成一个运行配置项。

单击 Finish 按钮完成 Applet 的创建向导。此时 JBuilder 为这个 Applet 生成了两个文件：一个是 TypeTrainApplet.java 程序文件，而另一个是引用这个 Applet 的 TypeTrainApplet.html 网页。

5.3.2 Applet1 类

设计主类为 Applet1，继承 JApplet，负责构造用户界面、响应用户操作事件、更新游戏统计数据等。其结构如图 5-5 所示。

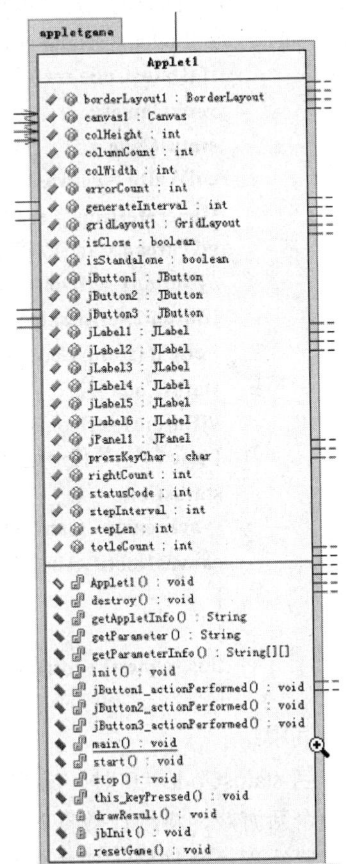

图 5-5 Applet1 类包图

其成员变量：

volatile int totalCount = 0;//产生下落字母的总数

volatile int rightCount = 0;//正确击中的字母数

volatile int errorCount = 0;//未被击中且到达画布底部的字母数

以上 3 个变量用 volatile 作了修饰，这是因为这 3 个变量会被每个字母下落线程更改，为防止各个线程通过各自的缓存更改变量值造成线程间值的不同步，需要将这 3 个变量设置为 volatile 类型，使得这些变量的更改值对于其他线程马上可见。

字母下落速率控制变量：

private static int stepLen = 2; //每次下落的步长，即字母每移一步的像素

private static int stepInterval = 50; //每两步之间的时间间隔，以毫秒为单位

private static int columnCount = 10; //画布被分隔为多个栏

private static int generateInterval = 500; //创建一个新的下落字母线程的时间间隔，以毫秒为单位

Applet1 通过这 4 个变量可以控制产生字母的快慢和字

母下落的速度及栏数，进一步规划这些值，以形成游戏的难度级别。有鉴于此，我们可以将这些参数的值通过 HTML 的<Applet>参数传入。这样，只需要更改 HTML 的<applet>参数值就可以达到控制游戏难度级别的目标，不需更改 Applet 程序。

成员变量：

```
int colWidth; //下落字母每栏的宽度，在运行期才获取这个变量值，它由画布的宽度和栏数决定
volatile char pressKeyChar; //记录当前按键对应的字母
int statusCode = 0; //记录游戏所处的状态，其中 1：运行态，2：暂停态，0：停止态
```

重要成员方法:

```
private void drawResult()//将统计结果写到界面的对应 JLabel 中
private void resetGame()//重置游戏现场
```

5.3.3 动作控制

由于字母下落线程通过监测 statusCode 的值决定结束或暂停，所以仅需要通过按钮事件更改这个控制变量就可以达到控制游戏的目的了。

（1）字母下落控制

首先，我们打开 Applet1.java 切换到 Design 的 UI 设计界面中，双击 jButton1 按钮，JBuilder 自动为 jButton1 添加一个按钮点击事件监听器，并切换到 Source 视图中，将光标定位到事件处理方法处，我们在方法中添加以下粗体的代码：

```
public void jButton1_actionPerformed(ActionEvent e) {
        if (statusCode == 0) { //从结束→开始
        resetGame();
        statusCode = 1;
        colWidth = canvas1.getWidth() / columnCount;//实例化字母下落线程产生器
        GenerateDropThread gdThread = new GenerateDropThread();
        gdThread.start();//产生器启动
        //jButton1.setIcon(pauseIcon);//切换为暂停的图标
        jButton2.setEnabled(true);//停止按钮激活
        } else if (statusCode == 1) { //从运行→暂停
        statusCode = 2;
        //jButton1.setIcon(startIcon);
        } else { //从暂停→运行
        statusCode = 1;
        synchronized (canvas1) {//通过 canvas 通知所有暂停的线程
        canvas1.notifyAll();
        }
        }
        this.requestFocus();//Applet 接受光标，使其接受按键事件
}
```

其中：

当 statusCode＝0 时，游戏原来处于结束或未开始状态，表示用户执行开始游戏的命令开始一个新游戏，将统计数据归 0，根据画布当前的宽度和栏数计算出每栏的宽度，实例化一个产生器线程，并切换按钮的图标为暂停图标，将停止按钮置为激活态。

当 statusCode＝1 时，游戏原来处于运行态，表示用户执行暂停的命令。更改状态并更换按钮的图标。

当 statusCode＝2 时，游戏原来处于暂停态，表示用户执行暂停后继续游戏的命令。更改状态并更换按钮图标，通过 canvas 对象通知所有暂停的线程。

（2）停止游戏

方法如（1）所示，关键代码如下：

```
statusCode = 0;//改变状态，为 0 后字母线程将纷纷退出
synchronized (canvas1) {
 canvas1.notifyAll();//同步，防止线程“睡死”的情况
 }
```

（3）多线程异常控制

Applet 在浏览器中运行时，第一次加载 Applet，将调用 init()方法，接着调用 start()，当窗口关闭或页面替换时先调用 stop()然后再调用 destroy()。当关闭浏览器时，如果 Applet 的字母下落线程还在运行可能会引发空指针异常。我们可以通过 Applet 的生命周期解决这个问题：Applet 在被关闭前会调用 stop()和 destroy()方法。我们在 stop()方法中设置一个标识，线程通过判断这个标识就可以知道当前窗口是否关闭，当发现关闭时就不再运行。

```
public void start() {
       isClose = false;// 是否关闭
}
public void stop() {
   statusCode = 0;//停止游戏
   isClose = true;//窗口关闭
}
//线程 run 方法
public void run() {
      if(isClose) return;//是否关闭
      draw(ACTION_DRAW_FONT);
      try {
      while (c != pressKeyChar && y < canvas1.getHeight() &&
                    statusCode != 0) {
               synchronized (canvas1) {
                     while (statusCode == 2) {
                           canvas1.wait();
                     }
               }
               draw(ACTION_CLEAR_FONT);
               y += stepLen;
               draw(ACTION_DRAW_FONT);
               Thread.sleep(stepInterval);
         }
      } catch (InterruptedException ex) {
      }
      pressKeyChar = ' ';
     if(!isClose)
     { draw(ACTION_CLEAR_FONT);
      if (statusCode != 0) { //游戏没有停止
           totleCount++; //统计总数
           if (y < canvas1.getHeight()) {
```

```
            rightCount++; //击中
        } else {
            errorCount++; //打不中
        }
        drawResult();
    }
```

5.3.4 键盘按键响应

游戏接收用户键盘输入，其事件响应函数结构如图 5-6 所示。

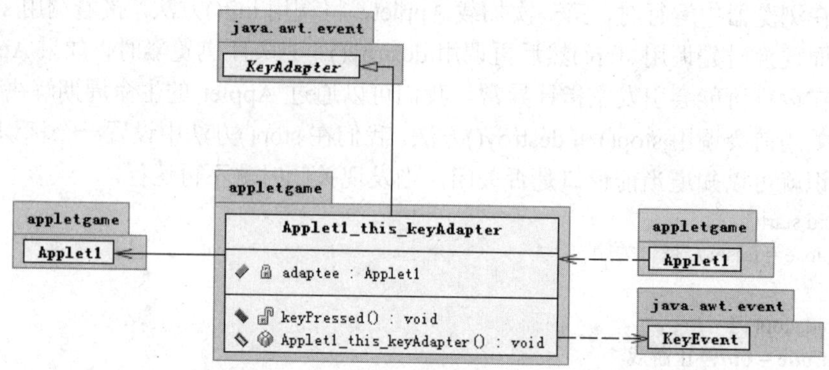

图 5-6 键盘事件响应函数

其过程如下：

（1）当用户按下 Applet 的开始按钮后激发一个事件。

（2）Applet 响应这个事件，调用事件响应方法，在方法中实例化一个 GenerateDropThread 线程，并启动这个线程。

（3）GenerateDropThread 线程定时产生一个 DropCharThread 线程，并赋予一个随机的字母和栏序号。

（4）DropCharThread 线程启动，将字母在特定的栏中从上至下落下。

5.3.5 运行效果

（1）Applet 的运行效果如图 5-7 所示。

（2）Application 的运行效果如图 5-8 所示；添加 main 函数，以 Application 的方式运行效果如下：

```
public static void main(String[] args) {
    JFrame frame1=new JFrame("字母击中游戏");
    Applet1 app=new Applet1();
    frame1.add("Center",app);
    frame1.setSize(600,600);
    frame1.validate();
    frame1.setVisible(true);
    frame1.setDefaultCloseOperation(3);
    app.init();
    app.start();
}
```

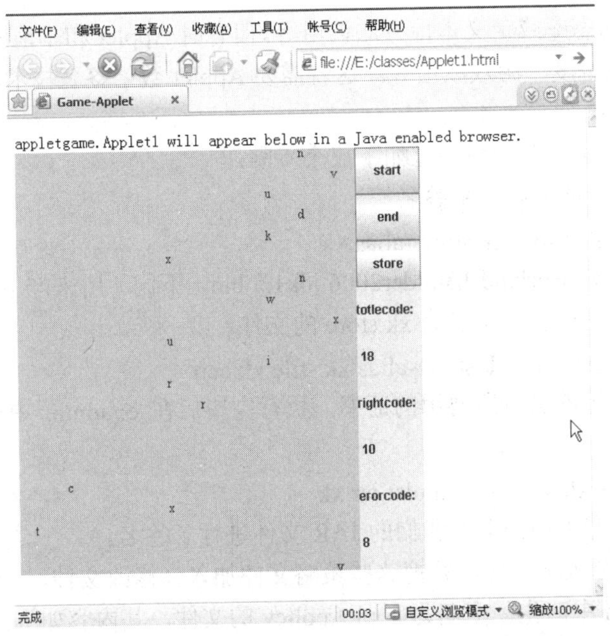

图 5-7　Applet 运行效果

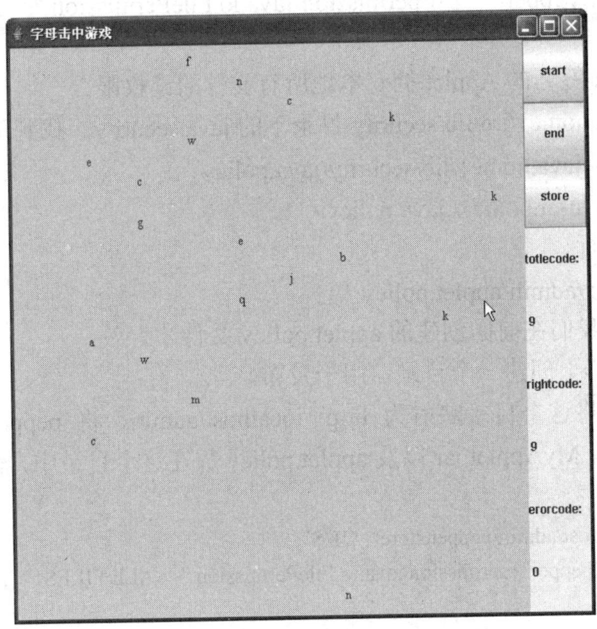

图 5-8　Application 运行图

5.4　Applet 打包发布

5.4.1　Applet 的安全限制

一般情况下，Applet 在安全方面受到诸多的限制，几乎不能对本地系统进行任何“读”、“写”的操作。如不允许 Applet 读本地系统上的文件；不能执行任何本地计算机上的程序；

不允许 Applet 装载动态库或定义本地方法调用等。但有时 Applet 和本地系统的交互是必要的，比如读取本机的游戏进度、游戏成绩等。这就需要 Applet 数字签名技术，给 Applet 文件颁发合法证书。

对 Applet 进行数字签名一般经过如下三个步骤：

步骤 1：生成数字证书和数字签名。

keytool -genkey -keystore xk.store -alias xk

这个命令（位于 C:\Borland\JBuilder2006\jdk1.5\bin，下同）用来产生一个密匙库，执行完毕后应该在 c:/admin 中产生一个名为 xk.store 的文件。

keytool -eXPort -keystore xk.store -alias xk -file xk.cert

这个命令用来产生签名时所要用的证书，执行完毕后在 c:/admin 中产生一个名为 xk.cert 的文件。

jarsigner -keystore xk.store MyApplet.jar xk

这个命令用上面产生的证书对我们的 JAR 文件进行了签名。

步骤 2：新建一个策略文件，并把这些策略文件加入（修改文件）。

（1）在 c:/admin 中产生一个名为 applet.policy 的文件，其内容如下：

keystore "file:c: /admin/pepper.store", "JKS";

grant signedBy "pepper" { permission Java.io.FilePermission "<<ALL FILES>>", "read";=;}

这个文件让由 xk 签名的 Applet 拥有本地所有文件的读权限。

（2）修改${java.home}/jre/lib/security 目录下的 java.security，找到下面这两行：

policy.url.1=file:${java.home}/lib/security/java.policy

policy.url.2=file:${user.home}/.java.policy

在下面添写第三行

policy.url.3=file:c: /admin/applet.policy

完成这个修改后我们在前面创建的 applet.policy 文件才有效。

步骤 3：在服务器上创建一个目录，用于发布。

例如 c:/admin，将这个目录映射为 http://localhost/admin，将 pepper.cert、pepper.store、FileReaderApplet.html、MyApplet.jar 以及 applet.policy 放在这个目录中，然后修改 applet.policy 文件如下：

```
keystore "http://localhost/admin/pepper.store", "JKS";
    grant signedBy "pepper"{permission java.io.FilePermission "<<ALL FILES>>", "read";};
```

5.4.2 打包发布

选择菜单 File→New→Archive，在 Archive 页中双击 Applet JAR 图标，启动 Applet 打包向导，如图 5-9 所示，根据向导所示步骤完成 Applet 打包，过程如图 5-10 到图 5-16 所示。

如图 5-10 所示，File 文本框中的文件名是最终打包的文件名称。为了加快网络下载速度，我们勾选上 Compress the contents of the archive 复选框，可以压缩 JAR 文件，减小文件的体积。勾选 Always create archive when building the project 复选框表示使用每次编辑工程时都重新创建 Applet JAR 包。

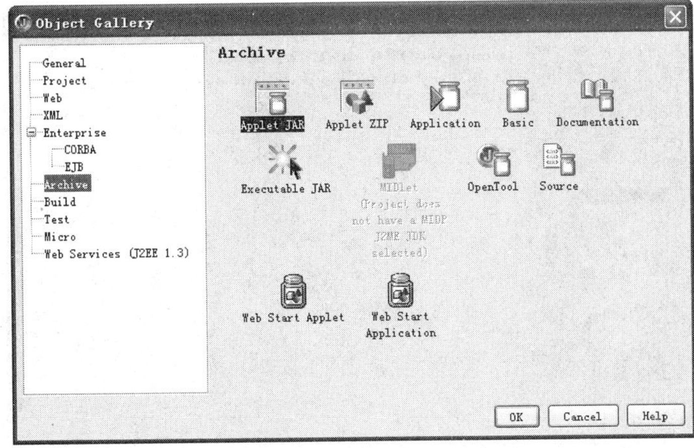

图 5-9　制作 Applet JAR

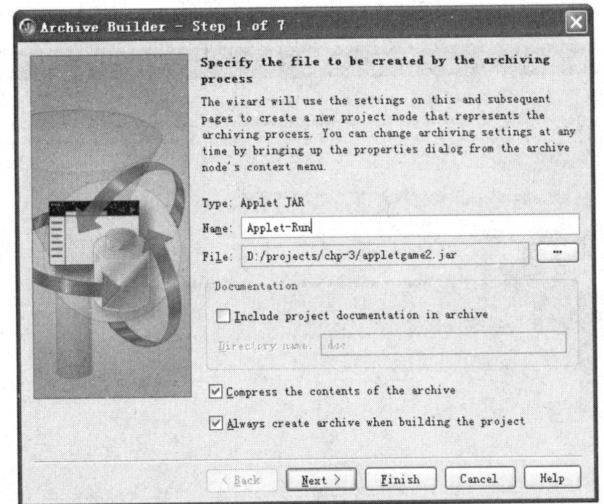

图 5-10　Applet JAR 的名字和文件

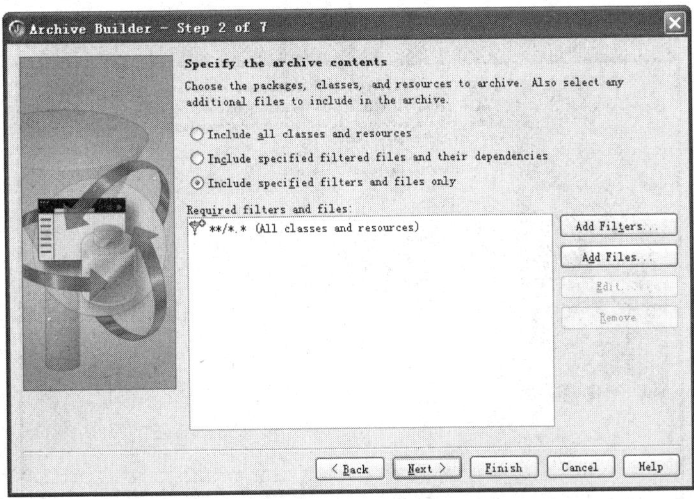

图 5-11　指定 JAR 文件中所需包含的资源

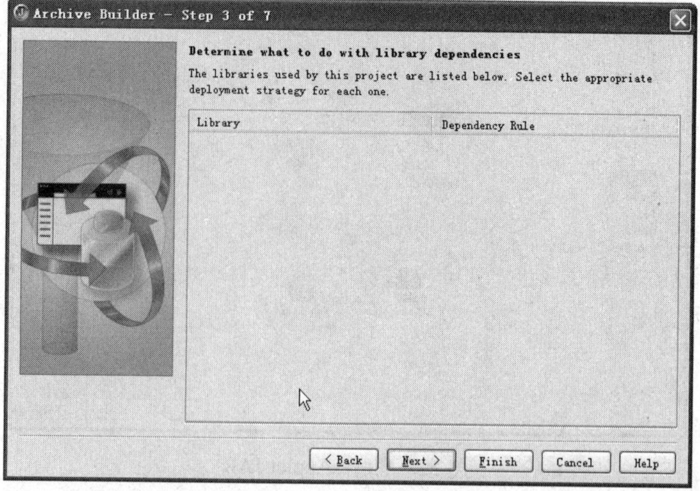

图 5-12　指定第三方类库

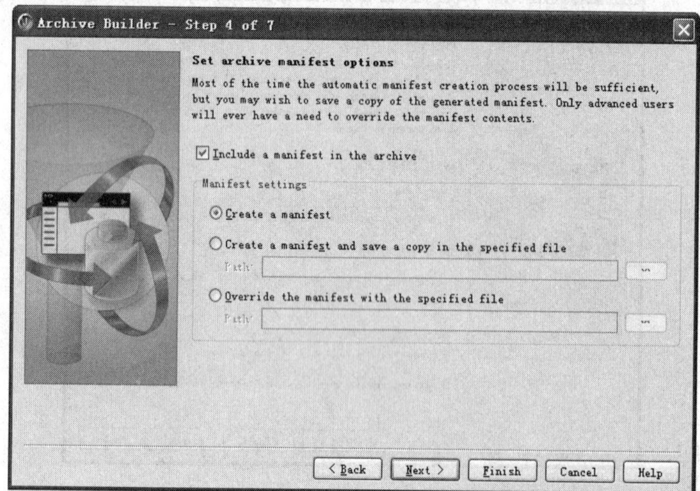

图 5-13　创建 manifest

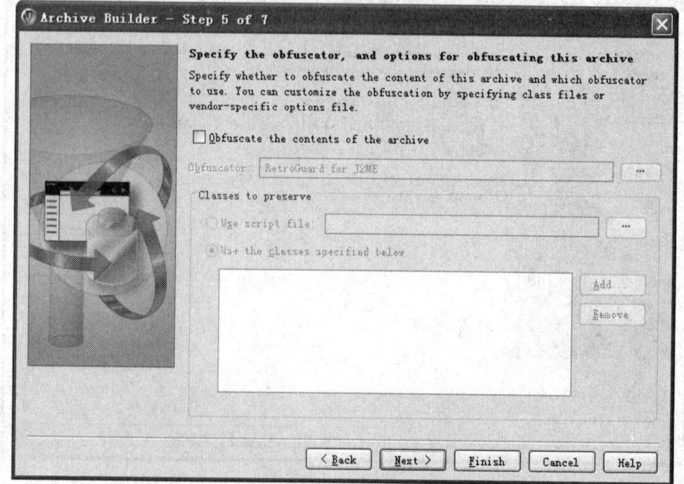

图 5-14　指定混淆编辑器

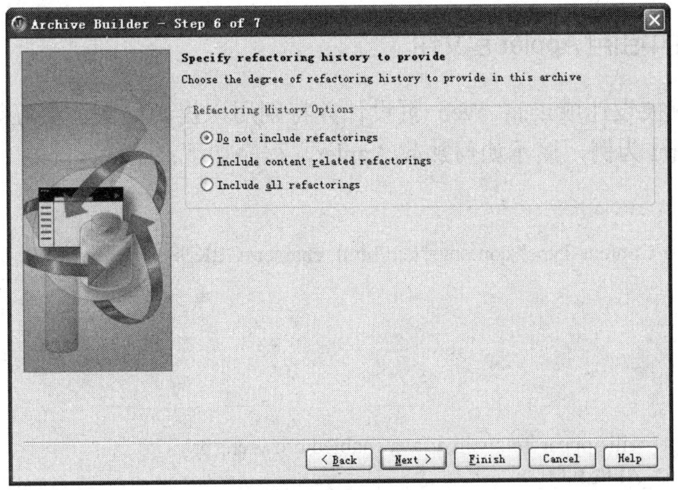

图 5-15　指定重构过程

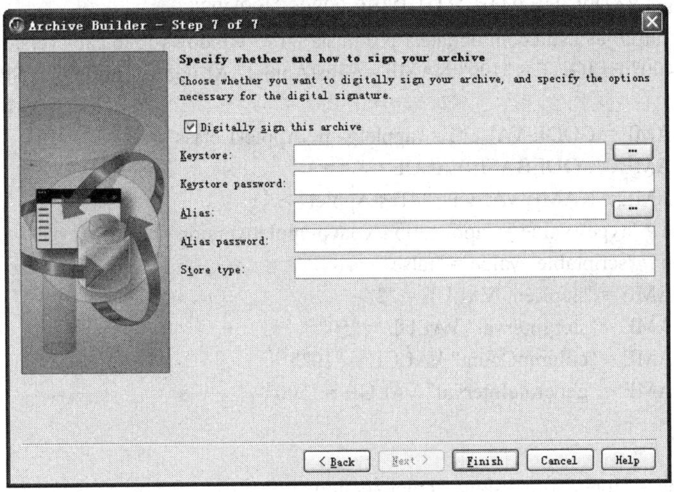

图 5-16　选择数字签名

在工程窗格的资源树中将出现一个 Applet-Run 节点。右击这个节点，在弹出的快捷菜单中选择 Rebuild，JBuilder 将创建 Applet 的 JAR 包，如图 5-17 所示。

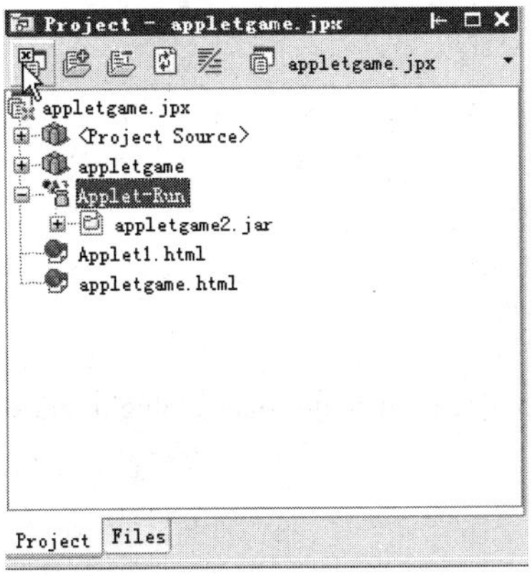

图 5-17　打包后工程结构

5.4.3 在文件中引用 Applet 包文件

Applet 本身就被设计成丰富 Web 页设计并特别用来提高绘图、交互等能力的。本节以 TypeTrainApplet.html 为例，演示如何加载 Applet，程序如下：

```
<html>
<head>
<meta http-equiv="Content-Type" content="text/html; charset=GBK">
<title>
Game-Applet
</title>
</head>
<body>
appletgame.Applet1 will appear below in a Java enabled browser.<br>
<!--"CONVERTED_APPLET"-->
<!-- HTML CONVERTER -->
<object
    classid = "clsid:8AD9C840-044E-11D1-B3E9-00805F499D93"
    codebase = "http://java.sun.com/update/1.5.0/jinstall-1_5-windows-i586.cab#Version=5,0,0,7"
    WIDTH = "400" HEIGHT = "400" NAME = "TestApplet" ALIGN = "middle" VSPACE = "0" HSPACE =
"0" >
    <PARAM NAME = CODE VALUE = "appletgame.Applet1.class" >
    <PARAM NAME = CODEBASE VALUE = "." >
    <PARAM NAME = NAME VALUE = "TestApplet" >
    <param name = "type" value = "application/x-java-applet;version=1.5">
    <param name = "scriptable" value = "false">
    <PARAM NAME = "stepLen" VALUE = "2">
    <PARAM NAME = "stepInterval" VALUE = "50">
    <PARAM NAME = "columnCount" VALUE = "10">
    <PARAM NAME = "generateInterval" VALUE = "500">
    <comment>
    <embed
            type = "application/x-java-applet;version=1.5" \
            CODE = "appletgame.Applet1.class" \
            JAVA_CODEBASE = "." \
            NAME = "TestApplet" \
            WIDTH = "400" \
            HEIGHT = "400" \
            ALIGN = "middle" \
            VSPACE = "0" \
            HSPACE = "0" \
            stepLen = "2" \
            stepInterval = "50" \
            columnCount = "10" \
            generateInterval = "500"
            scriptable = false
            pluginspage = "http://java.sun.com/products/plugin/index.html#download">
            <noembed>

            </noembed>
    </embed>
    </comment>
```

```
</object>

<!--
<APPLET CODE = "appletgame.Applet1.class" JAVA_CODEBASE = "." archive="appletgame.jar" WIDTH
= "400" HEIGHT = "400" NAME = "TestApplet" ALIGN = "middle" VSPACE = "0" HSPACE = "0">
<PARAM NAME = "stepLen" VALUE = "2">
<PARAM NAME = "stepInterval" VALUE = "50">
<PARAM NAME = "columnCount" VALUE = "10">
<PARAM NAME = "generateInterval" VALUE = "500">
</APPLET>
-->
<!--"END_CONVERTED_APPLET"-->
</body>
</html>
```

其中：

属性 Height 表示 Applet 在 Html 页面上的高度，Name 表示 Applet 在 Html 页面上的名称（用于区名一个 Html 页面上的多个 applet）。

特别注意的是：

（1）applet 作为一个 class 加载时，不需要添加属性 archive；属性 Code =Applet 类名，必须带后缀名（class）。

（2）applet 打包作为 jar 文件时，需要添加属性 archive，属性 Code =Applet 类的包名加 applet 类名，可不带后缀名（class）。

5.5　本章小结

本章基于 JBuilder 平台开发了一个简单的基于 Applet 的字母击打游戏程序，展示了多线程编程机制的实现技巧，特别是作为内部类的多线程实现的时候，读者要特别体会其中的循环过程、以及外部类的变量访问等机制。

随着 Flash 的火爆流行，Applet 已经淡出了实现丰富多彩网页动画的舞台，现在 Applet 一般应用于复杂动态的 Web 页图形领域、人机交互等。比如可以用 Applet 实现股票代码的动态曲线绘制；用 Applet 做一些基于浏览器的复杂实时 Web 监控系统；通过 Internet 或者 Intranet 实现对工厂机器运转参数的检测等，这些都是其他 Web 技术难以实现的。

第 6 章 JavaMail 应用开发（B 级）

项目目标：

JMS（Java Message Service）和 JavaMail 都是 J2EE 架构的组成部分，用于以消息传递为主要需求的应用程序开发。其中 JMS 几乎规范了所有企业级消息服务，如可靠查询、发布消息、订阅杂志等各种各样的 PUSH/PULL 技术的应用，并且为它们提供了一个标准接口。JavaMail 应用程序接口提供了一整套模拟邮件系统的抽象类。

通过本章项目实训，了解 J2EE 中的 E-mail 规范，构建一个类 Foxmail 样式的邮件客户端，从而掌握 JavaMail 的编程细节。

6.1 项目概述

J2EE 中的 E-mail 规范，使得开发邮件系统变得简单，JavaMail 定义了通用的类和接口，通过定义会话、消息、传输和存储接口，可以很容易地实现邮件的发送和接收。本章实现一个类 Foxmail 功能的邮件客户端，其功能结构如图 6-1 所示。

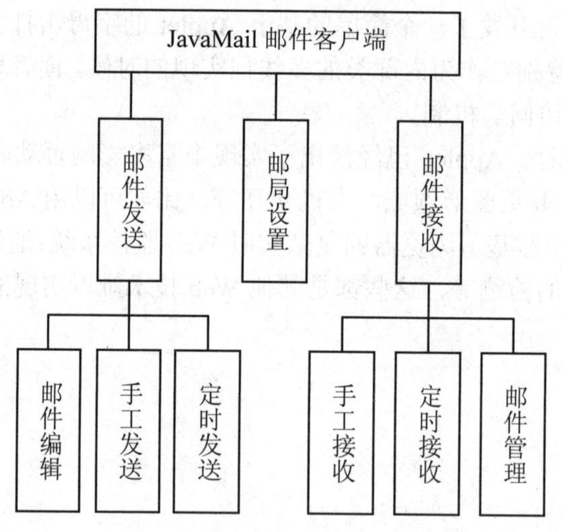

图 6-1 E-S 邮件客户端结构图

6.1.1 电邮格式

RFC 2822 定义格式：电子邮件由多行组成，每行由<CRLF>结束，每行最大长度 998 个字符。如：

From: shiyong<shiy@keylab.net>

To:wangyl<wangyl@keylab.net>

Cc:wangklwangkl@keylab.net

Subject:hello my boss

MIME 格式（Multipurpose Internet Mail Extension）：允许添加二进制文件，作为附件。如：

Content-type:multipart/mixed;boundary="*"*

Content-type:text/plain;name="file.txt"

Attachment text.*

6.1.2 电子邮件传输协议

简单邮件传输协议（SMTP）：是一种基于文本的电子邮件传输协议，是在因特网中用于在邮件服务器之间交换邮件的协议。SMTP 协议属于 TCP/IP 协议族，通过 SMTP 协议所指定的服务器，计算机就可以把 E-mail 寄到收信人的邮件服务器上。接下来收件人就可以通过邮件检索协议，来获知邮件服务器有无新的邮件了。

检索电子邮件协议：IMAP（Internet 报文访问协议），POP3（Post Office Protocol 3）。POP3 用于在服务器上存储用户邮件，支持下载，删除邮件。IMAP 不允许删除邮件，好处是可以在不同客户机上获取邮件信息。

6.1.3 JavaMail 结构

JavaMail 结构包括：

Message 类：是实际编程模型，抽象类，实现了 Part 接口。

Store 类：代表消息数据库类，并且提供访问该库的协议。客户端可以调用该类连接特定的消息存储，也可以获取消息文件夹。

Connect()方法：参数包括 Host 邮件服务器主机名称，Port 邮件服务器端口，User 连接邮件服务器的用户名，Password 连接邮件服务器的用户密码。

Folder 类：相当于 Windows 下的文件夹，Folder 类分为 2 部分，一部分用于操作文件夹，一部分用于对消息的操作。

Transport 类：抽象类，实现 sendMessage 方法：

Public abstract void sendMessage(Message m,Address[] address)throws MessageException

Session 类：Javax.mail.Session 定义与每个客户的邮件相关的全局属性，这些属性说明了客户机如何与服务器交流信息。可以认为 Session 类是 Transport 和 Store 的集合。

6.2 关键实现和效果

6.2.1 主界面

创建过程请参考第 2 章，创建一个名为 mailsystem 的工程，并创建一个主界面类名为 MainFrame，其类结构包图如图 6-2 所示。

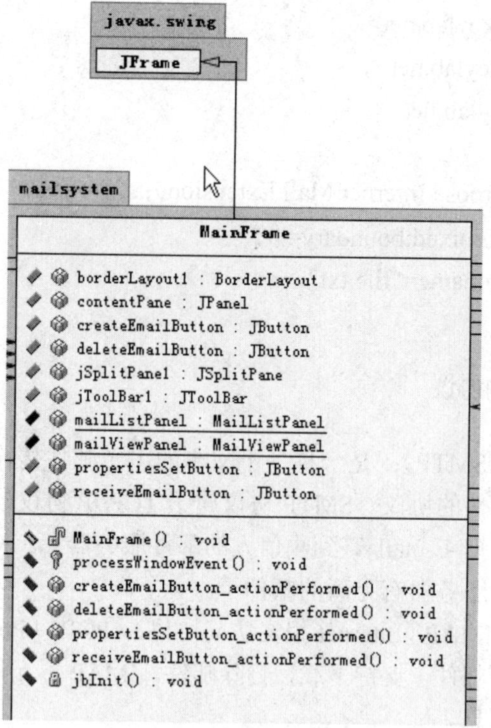

图 6-2 MainFrame 类包图

其主界面如图 6-3 所示。

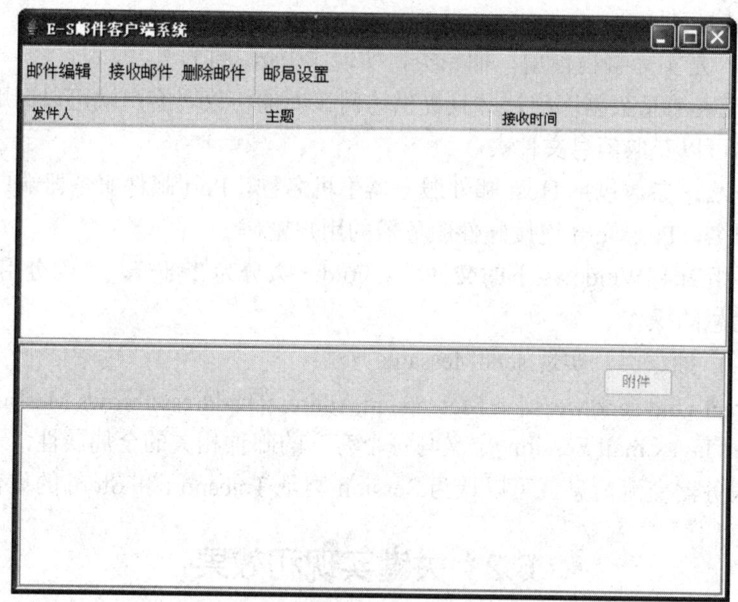

图 6-3 E-S 邮件客户端主界面

6.2.2 发送邮件

单击邮件发送快捷按钮，启动发送邮件界面，如图 6-4 所示。

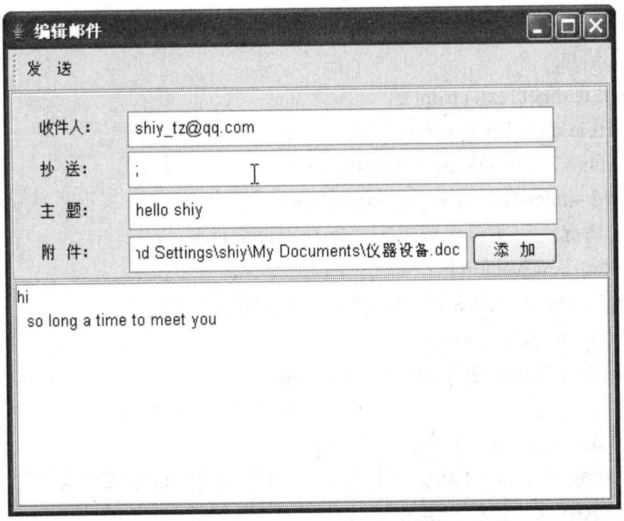

图 6-4　发送邮件界面

其类结构包图如图 6-5 所示。

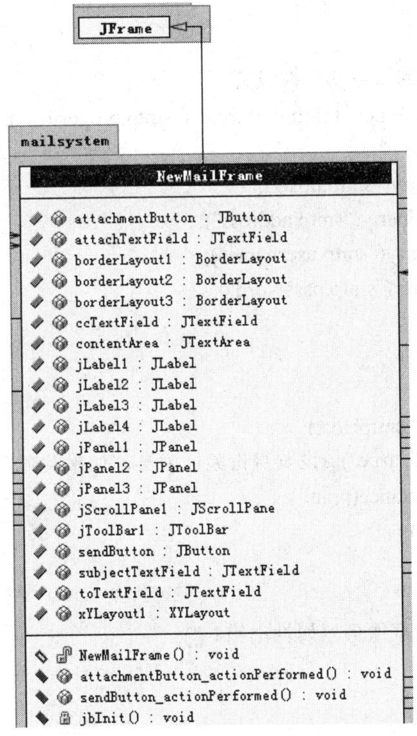

图 6-5　编辑邮件类包图

发送邮件关键代码如下：

这里用的是 MimeMultipart 对象来存放 BodyPart，即 HTML 文件的具体内容。在设置内容时要设置对象的格式，这里是"text/html;charset=gb2312"。

```
void sendButton_actionPerformed(ActionEvent e) {
    Session session=null;
    Transport transport=null;
```

```
MimeMessage msg=null;
//获取邮件相关信息
String to=toTextField.getText().trim();
String cc=ccTextField.getText().trim();
String subject=subjectTextField.getText().trim();
String attachField=attachTextField.getText().trim();
//处理多附件的情况，以字符串数组方式保存附件文件名
Vector attatchFiles=new Vector();
StringTokenizer strToken=new StringTokenizer(attachField,",");
while(strToken.hasMoreElements()){
  attatchFiles.add(strToken.nextElement().toString());
}
if(to.equals("")&&cc.equals("")){
  JOptionPane.showMessageDialog(this,"未输入邮件发送地址","邮件发送错误",
  JOptionPane.ERROR_MESSAGE);
}
//装载服务器属性，并与服务器建立连接
String smtpHost=null,sendAddress=null,userName=null,password=null;
Properties p = new Properties();
try {
  //从文件中读入相关的服务器属性设置
  FileInputStream fileIn = new FileInputStream("smtp.properties");
  p.load(fileIn);
  smtpHost=p.getProperty("smtp.host");
  sendAddress=p.getProperty("smtp.address");
  userName=p.getProperty("smtp.username");
  password=p.getProperty("smtp.password");
  fileIn.close();
  //创建与服务器的对话
  p=new Properties();
  p.put("mail.smtp,host",smtpHost);
  p.put("mail.smtp.auth","true");//设置身份验证为真，如果发邮件时需要身份验证必须设为真
  session=Session.getInstance(p,null);
  session.setDebug(true);
}
catch (Exception ex) {
  System.out.println("装载服务器属性出错！");
  ex.printStackTrace();
}
//建构邮件信息
try{
  msg=new MimeMessage(session);
  //处理邮件头部
  if(!to.equals(""))
    msg.addRecipient(Message.RecipientType.TO,new InternetAddress(to));
  if(!cc.equals(""))
    msg.addRecipient(Message.RecipientType.BCC,new InternetAddress(cc));
  msg.setSubject(subject);//设置邮件主题
```

```
msg.setFrom(new InternetAddress(sendAddress));
msg.setSentDate(new Date());//设置邮件发送日期
Multipart mp=new MimeMultipart();//创建用于封装邮件的 Multipart 对象
//处理邮件正文
MimeBodyPart mbp1=new MimeBodyPart();
mbp1.setText(contentArea.getText());
mp.addBodyPart(mbp1);
//处理邮件附件
MimeBodyPart mbpAttatch;
FileDataSource fds;
BASE64Encoder enco=new BASE64Encoder();
String sendFileName="";
if(attatchFiles.size()!=0){
   for (int i = 0; i < attatchFiles.size(); i++) {
      mbpAttatch = new MimeBodyPart();
      fds = new FileDataSource(attatchFiles.get(i).toString());
      mbpAttatch.setDataHandler(new DataHandler(fds));
      //将文件名进行 BASE64 编码
      sendFileName="=?GB2312?B?"+enco.encode(new String(fds.getName().getBytes(),"gb2312").
      getBytes("gb2312"))+"?=";
      mbpAttatch.setFileName(sendFileName);
      mp.addBodyPart(mbpAttatch);
   }
}
//封装并保存邮件信息
msg.setContent(mp);
msg.saveChanges();
}catch(Exception ex){
System.out.println("构建邮件出错！");
ex.printStackTrace();
}
 //发送邮件
try{
     transport=session.getTransport("smtp");
     transport.connect(smtpHost,userName,password);
     transport.sendMessage(msg,msg.getAllRecipients());
     transport.close();
     JOptionPane.showMessageDialog(this,"发送邮件成功!","信息提示",JOptionPane.
     CLOSED_OPTION);
}
catch(Exception ex){
 JOptionPane.showMessageDialog(this,"发送邮件失败","信息提示",JOptionPane.ERROR_
 MESSAGE);
}
}
```

6.2.3 接收邮件

通过主界面单击接收邮件快捷按钮，激发接收邮件事件，结果会传递给 MailListPanel（主界面）显示出来。

关键代码如下所示：

```
//取得 pop3.properties 文件中的 pop3 的相关设定
 String popHost="",userName="",password="";
 Properties p=new Properties();
 try{
   FileInputStream in=new FileInputStream("pop3.properties");
   p.load(in);
   popHost=p.getProperty("pop3.host");
   userName=p.getProperty("pop3.username");
   password=p.getProperty("pop3.password");
   in.close();
 }
 catch(IOException ex){
   ex.printStackTrace();
 }
 //建立与 pop3 服务器的 session 连接
 p=new Properties();
 p.put("mail.pop3.host",popHost);
 Session session=Session.getInstance(p,null);
 session.setDebug(true);
 //获取邮件服务器上的邮件，并将其传递给 MailListPanel 显示
 try{
   Store store = session.getStore("pop3");
   store.connect(popHost,userName,password);
   //取得 store 中的 Folder 文件夹
   Folder folder=store.getFolder("Inbox");
   //将 Folder 传递给 MailTableModel，使得 folder 文件夹中的邮件显示在 MailListPanel 中
   mailListPanel.model.setFolder(folder);
 }
 catch(Exception ex){
   JOptionPane.showMessageDialog(this,"服务器连接失败！请查看网络连接或邮件服务器设置。","
连接信息",JOptionPane.INFORMATION_MESSAGE);
   return;
 }
}
```

邮件列表：

```
void setMessage(Message message){
    this.message=message;
    mailContentArea.setText("");
    if(message!=null){
      //显示有关邮件头信息
      loadHeader();
      attachmentFiles.clear();
```

```
            attachmentInputStream.clear();
            //解释并显示邮件内容与附件
            loadBody(message);
        }
    }
    void loadHeader(){
        String temp;
        String from=null;
        String to=null;
        String subject=null;
        try{
            temp=message.getFrom()[0].toString();
            if(temp.startsWith("=?")){
                from=MimeUtility.decodeText(temp);
            }
            else from=temp;
            temp=message.getRecipients(Message.RecipientType.TO)[0].toString();
            if(temp.startsWith("=?")){
                to=MimeUtility.decodeText(temp);
            }
            else to=temp;
            //suject
            temp=message.getSubject();
            if(temp.startsWith("=?")){
                subject=MimeUtility.decodeText(temp);
            }
            else subject=temp;
        }catch(Exception ex){}
        FromAndToLabel.setText("发件人："+from+"    收件人："+to);
        subjectLabel.setText("主题："+subject);
    }
    void loadBody(Part part){//对邮件内容进行递归处理的方法
        try{
            if(part.isMimeType("Multipart/*")){//为 Multipart 类型
                Multipart mpart=(Multipart)part.getContent();
                System.out.println("mpart    "+mpart);
                int count=mpart.getCount();
                for(int i=0;i<count;i++){
                    loadBody(mpart.getBodyPart(i));
                }
                return;
            }
            else{//为邮件正文或附件
                String disposition=part.getDisposition();
                System.out.println(disposition);
                if((disposition==null)) {//为邮件正文
        if(part.isMimeType("text/plain")){//邮件正文为文本格式
        String mailContent = new String(part.getContent().toString().getBytes("gb2312"));
```

```
                mailContentArea.setText(mailContent);
                mailContentArea.setEditable(false);
            }
            else{//邮件内容为非文本格式
                mailContentArea.setText("Error：邮件内容为非文本);
            }
        }
        else if((disposition!=null)&&disposition.equals(Part.ATTACHMENT)||disposition.
        equals(Part.INLINE)){
         String tempFileName=part.getFileName();
        System.out.println(tempFileName);
         String attachmentFileName;
         if(tempFileName.startsWith("=?")){attachmentFileName=MimeUtility.
         decodeText(tempFileName);
         }
         else
            attachmentFileName=new String(tempFileName.getBytes("GBK"));
            attachmentFiles.add(attachmentFileName);
            attachmentInputStream.add(part.getDataHandler().getInputStream());
        }
      }
    }catch(Exception e){
       System.out.println("显示邮件内容时出错!");
    }
    if(attachmentFiles.size()==0){
       attachmentButton.setEnabled(false);
    }
    else{
       attachmentButton.setEnabled(true);
    }
}
```

6.2.4 邮局设置

通过主界面单击邮局设置快捷按钮，界面效果如图 6-6 所示，核心代码包括 savePopProperties()、saveSmtpProperties()、loadPopProperties()、loadSmtpProperties()等。示例如下：

```
void loadPopProperties(){
    Properties p=new Properties();
    try{
      //装载 pop3 属性
      FileInputStream in = new FileInputStream("pop3.properties");
      p.load(in);
      popHostField.setText(p.getProperty("pop3.host"));
      popAddressField.setText(p.getProperty("pop3.address"));
      popUserNameField.setText(p.getProperty("pop3.username"));
      popPassword.setText(p.getProperty("pop3.password"));
      in.close();
```

```
    }catch(IOException e){
      e.printStackTrace();
    }
  }
  void savePopProperties(){
  Properties p=new Properties();
  try{
        //保存 pop3 设置
        FileOutputStream out=new FileOutputStream("pop3.properties");
        p.setProperty("pop3.host",popHostField.getText());
        p.setProperty("pop3.address",popAddressField.getText());
        p.setProperty("pop3.username",popUserNameField.getText());
        p.setProperty("pop3.password",popPassword.getText());
        p.store(out,null);
        out.close();
        this.hide();
    }
    catch(IOException e){
      e.printStackTrace();
    }
  }
```

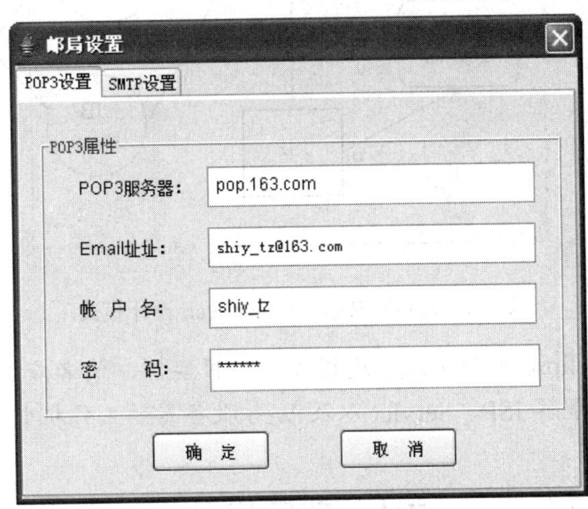

图 6-6　邮局设置

6.3　本章小结

JavaMail 规范是 J2EE 架构的重要组成部分，本章基于 JavaMail 规范和范例实现了一个邮件客户端，完成了基本的邮件发送、接收等功能。

读者可在此基础上，根据自己的需要和理解，灵活添加地址簿管理、默认邮件回复等功能，从而完善系统的可用性。

第 7 章　网上书店（B 级）

项目目标：

JSP+Servlet+JavaBean 的 MVC 设计模式，适合于团队开发，速度相对较慢，但可维护性高。JSP 是 MVC 中的 V，开发前台界面方便，做 UI 开发容易；Servlet 是 MVC 中的 C，是 Java 程序，安全性高、性能也高，但是显示不方便，也可以像 JSP 一样接受用户的请求参数；JavaBean 是 MVC 中的 M，可重复调用，需要接受用户的请求参数，进行相应的处理。JSP、Servlet、JavaBean 实现 MVC 设计模式大致如图 7-1 所示。

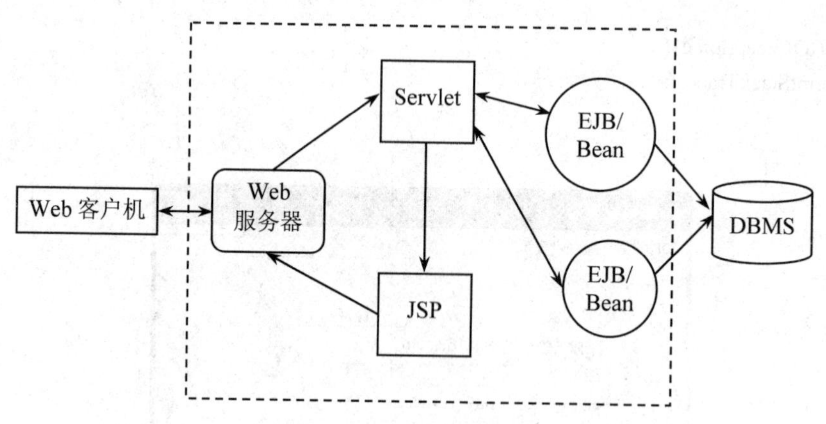

图 7-1　JSP/SERVLET/JavaBean 设计模式

本章内容基于 MyEclipse 平台完成。通过本章项目实训，读者应该掌握 JSP/Servlet/JDBC 的 Web 程序设计，侧重理解 JSP、Servlet 以及 Web 服务器的工作机制和编程模式。

7.1　项目概述

进入电子商务时代，是社会发展的必然。在这样一种环境下，网上图书销售作为一种典型的 Web 电子商务系统正深入人们的日常生活中。越来越多的人希望能足不出户就可以挑选购买自己喜欢的图书，这样可大大缩短购物的时间，提高生活效率。图书销售管理的实质为进销存管理，是图书零售商经营管理中的核心环节，也是商家取得效益的关键。系统分为前台和后台两个部分：

- 前台部分主要是用户进行图书的浏览以及订书，购书管理等，是面向用户的。需要向用户展示一个美观的界面，方便浏览各类图书信息，查询图书信息，以及订购图书。

- 而后台主要是管理人员对前台数据的维护和设置，是面向管理人员的。管理员通过填写正确的用户名和密码，进入网上书店的后台管理系统，可以对数据进行相关的管理，诸如对图书信息、图书类别进行增添、修改，也可以添加系统图书，方便用户购书等。

其结构图如图 7-2 所示。

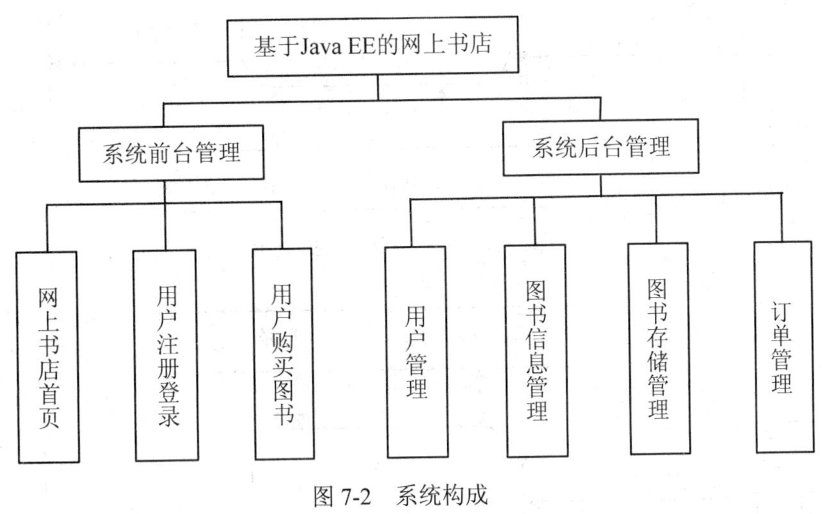

图 7-2　系统构成

7.2　数据库设计

7.2.1　数据流分析

数据流图是描述系统逻辑模型的工具，它可以把系统中的各种业务处理过程抽象概括后联系起来。数据流图有四种基本的符号：圆角矩形代表变换数据的处理；正方形表示数据的源点或终点；两条平行横线代表数据存储；箭头表示数据流。

1. 整体数据流

该系统的顶层数据流图如图 7-3 所示，分为用户和管理员两部分。

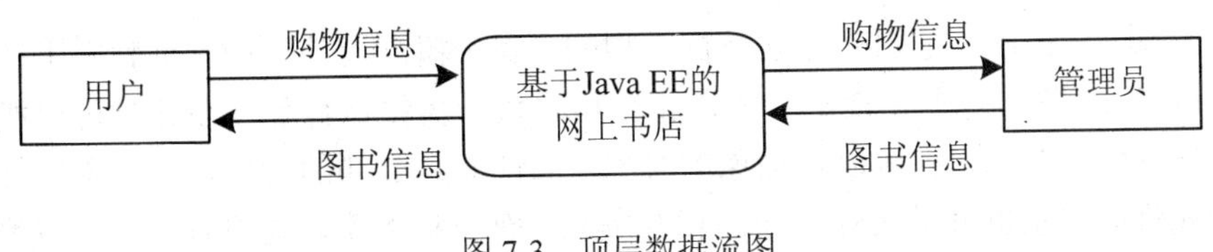

图 7-3　顶层数据流图

2. 用户数据流

用户的数据流图，如图 7-4 所示。

3. 管理员的数据流图

管理员的数据流图，如图 7-5 所示。

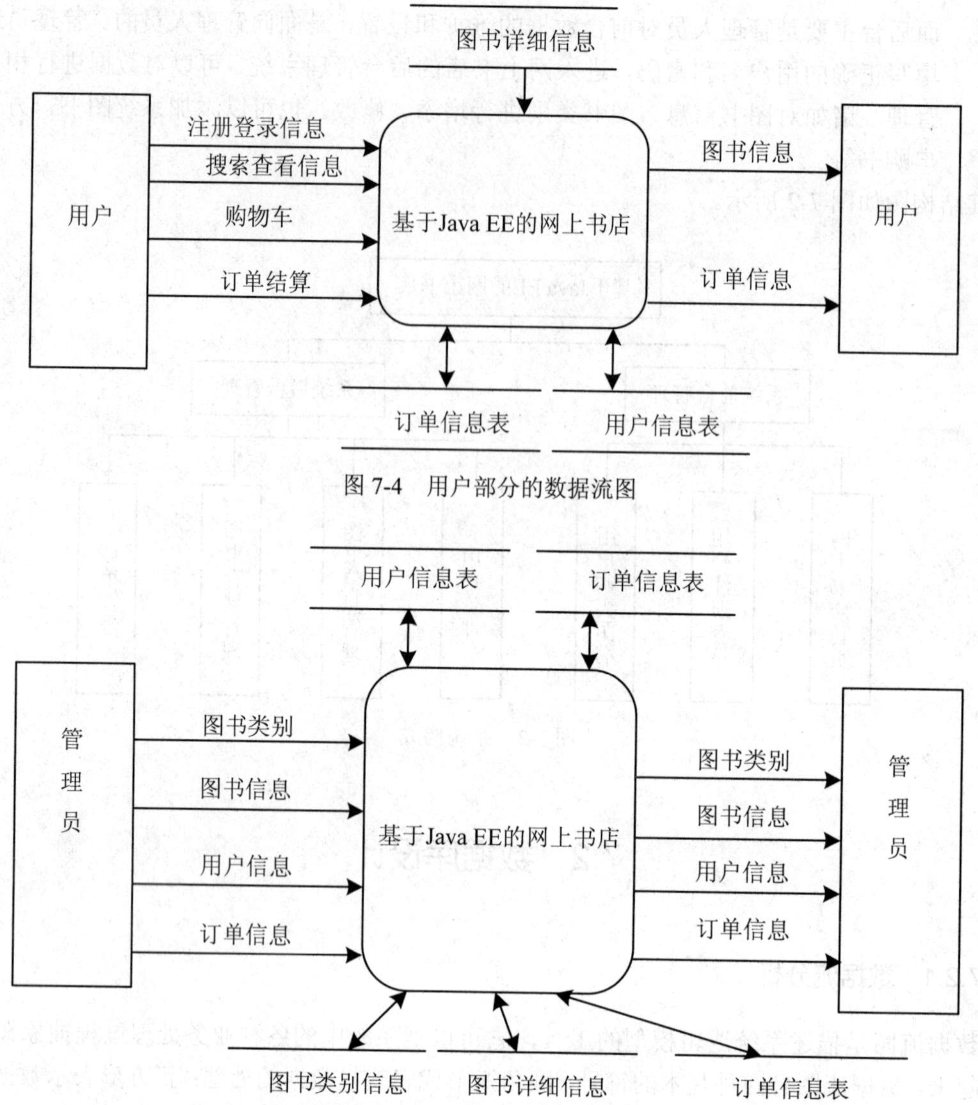

图 7-4　用户部分的数据流图

图 7-5　管理员部分的数据流图

7.2.2　实体联系分析

实体联系图（E-R 图）是用来建立数据模型的，属于概念设计阶段，是独立于数据库管理系统的。构成 E-R 图的基本要素是实体、属性和联系。实体是客观存在并且可以相互区分的事物，可以是具体的对象，也可以是抽象的对象。属性即是实体的特性，其中主属性是能唯一标识实体的属性。联系也就是实体之间的相互关系，有三种类型，其中有一对一联系、一对多联系和多对多联系。

根据用户的需求，建立 9 个数据库表，其中有订单信息表、订单详细信息表、用户信息表、用户详细信息表、图书信息表、图书类别表、图书评论表、图书推荐表、图书存储表。根据实际情况，确定实体之间的联系。前台部分 E-R 关系如图 7-6 所示；后台部分 E-R 关系如图 7-7 所示。

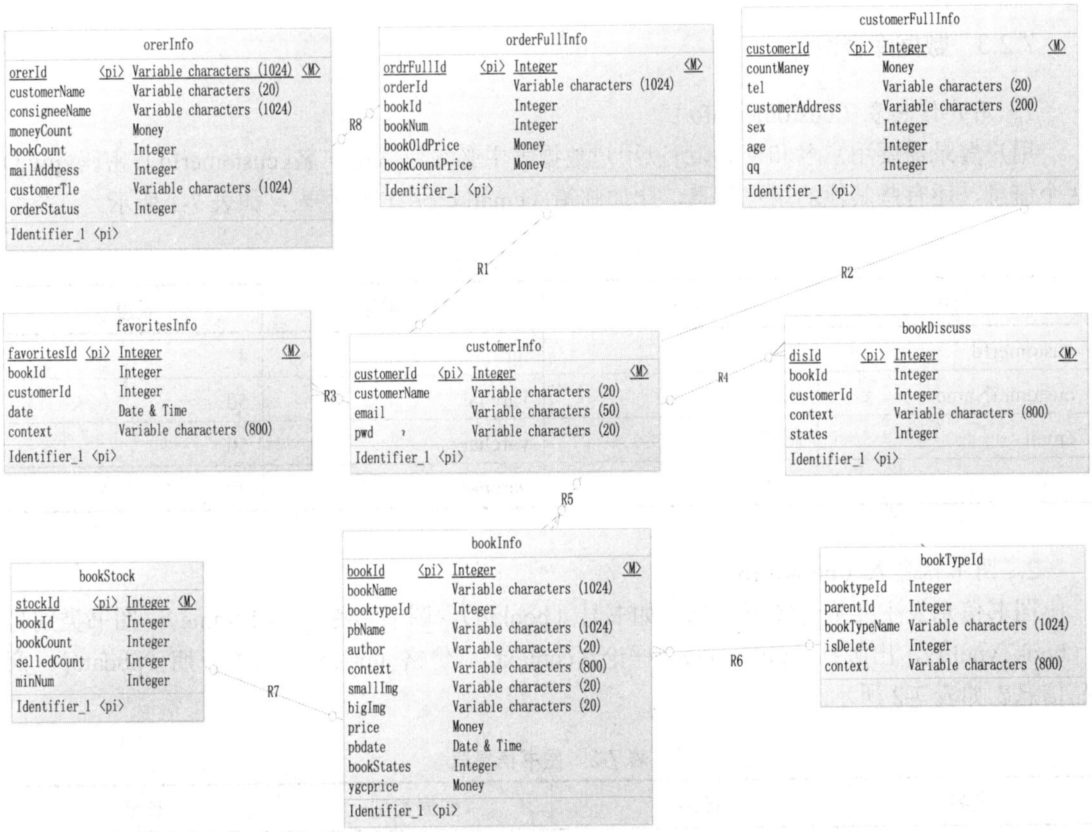

orerInfo
orerId <pi> Variable characters (1024) <M>
customerName Variable characters (20)
consigneeName Variable characters (1024)
moneyCount Money
bookCount Integer
mailAddress Integer
customerTle Variable characters (1024)
orderStatus Integer
Identifier_1 <pi>
R8
orderFullInfo
ordrFullId <pi> Integer <M>
orderId Variable characters (1024)
bookId Integer
bookNum Integer
bookOldPrice Money
bookCountPrice Money
Identifier_1 <pi>
customerFullInfo
customerId <pi> Integer <M>
countManey Money
tel Variable characters (20)
customerAddress Variable characters (200)
sex Integer
age Integer
qq Integer
Identifier_1 <pi>
R1
R2
favoritesInfo
favoritesId <pi> Integer <M>
bookId Integer
customerId Integer
date Date & Time
context Variable characters (800)
Identifier_1 <pi>
R3
customerInfo
customerId <pi> Integer <M>
customerName Variable characters (20)
email Variable characters (50)
pwd Variable characters (20)
Identifier_1 <pi>
R4
bookDiscuss
disId <pi> Integer <M>
bookId Integer
customerId Integer
context Variable characters (800)
states Integer
Identifier_1 <pi>
R5
bookStock
stockId <pi> Integer <M>
bookId Integer
bookCount Integer
selledCount Integer
minNum Integer
Identifier_1 <pi>
R7
bookInfo
bookId <pi> Integer <M>
bookName Variable characters (1024)
booktypeId Integer
pbName Variable characters (1024)
author Variable characters (20)
context Variable characters (800)
smallImg Variable characters (20)
bigImg Variable characters (20)
price Money
pbdate Date & Time
bookStates Integer
ygcprice Money
Identifier_1 <pi>
R6
bookTypeId
booktypeId Integer
parentId Integer
bookTypeName Variable characters (1024)
isDelete Integer
context Variable characters (800)

图 7-6　前台部分 E-R 关系模型

orerInfo
orerId <pi> Variable characters (1024) <M>
customerName Variable characters (20)
consigneeName Variable characters (1024)
moneyCount Money
bookCount Integer
mailAddress Integer
customerTle Variable characters (1024)
orderStatus Integer
Identifier_1 <pi>
bookInfo
bookId <pi> Integer <M>
bookName Variable characters (1024)
booktypeId Integer
pbName Variable characters (1024)
author Variable characters (20)
context Variable characters (800)
smallImg Variable characters (20)
bigImg Variable characters (20)
price Money
pbdate Date & Time
bookStates Integer
ygcprice Money
Identifier_1 <pi>
管理订单
管理图书信息
adminInfo
adminId <pi> Integer <M>
adminName Variable characters (20)
adminPassword Variable characters (20)
adminTyep Integer
Identifier_1 <pi>
管理图书类别
管理用户
customerInfo
customerId <pi> Integer <M>
customerName Variable characters (20)
email Variable characters (50)
pwd Variable characters (20)
Identifier_1 <pi>
bookTypeId
booktypeId Integer
parentId Integer
bookTypeName Variable characters (1024)
isDelete Integer
context Variable characters (800)

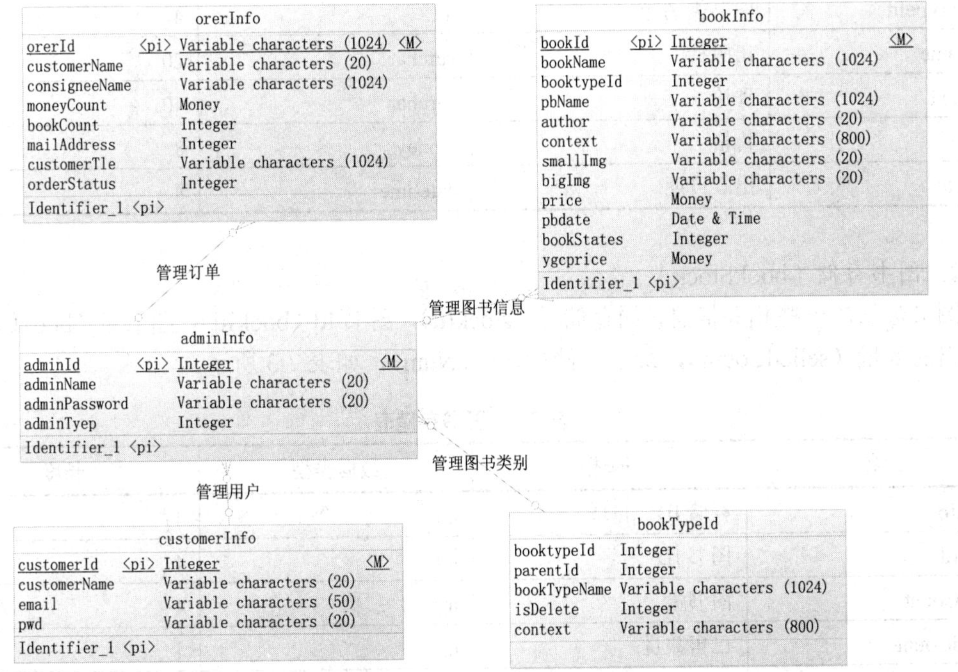

图 7-7　后台部分 E-R 关系模型

7.2.3 数据库表设计

1. 用户信息表（customerInfo）

用户登录需要用户名和密码，所以用户数据表中必须包含用户名（customerId）、密码（pwd）两个信息，还有些其他的用户信息，比如邮箱（email）。用户信息表，如表 7-1 所示。

表 7-1 用户信息表

列名	描述	数据类型	长度
customerId	用户 ID，自增	int	4
customerName	用户名	varchar	50
email	邮箱	varchar	50
pwd	密码	varchar	20

2. 图书信息表（bookInfo）

图书信息表主要描述图书信息，如书号（bookid），图书名称（bookName），图书类别号（bookTypeId），出版社（pbName），评论（context），价格（price），出版日期（pbdate）。商品信息表如表 7-2 所示。

表 7-2 图书信息表

列名	描述	数据类型	长度
bookId	图书 ID，自增	varchar	4
bookName	图书名称	varchar	50
bookTypeId	图书类别号	int	4
pbName	出版社	varchar	20
context	评论	varchar	40
price	价格	money	8
pbdate	出版日期	datetime	8

3. 图书存储（bookStock）

图书数量的一些相关信息，如存储号（stockId），图书 Id（bookId），图书量（bookCount），已售出的数量（selledCount），最小存储量（minNum），如表 7-3 所示。

表 7-3 图书存储表

列名	描述	数据类型	长度
stockId	存储 ID，自增	int	4
bookId	图书 ID	int	4
bookCount	图书量	int	4
selledCount	已售数量	int	4
minNum	最小量	int	4

4．购物车表（gwc）

记录用户的订单信息，主要描述以下信息：订单 ID（id），订购人姓名（hy），图书名称（mc），数量（sl），价格（jg），合计（hj），订购日期（rq），操作（qd）等，如表 7-4 所示。

表 7-4　购物车表

列名	描述	数据类型	长度
id	订单编号，自增	int	4
hy	用户名	varchar	50
mc	图书名称	varchar	50
sl	数量	varchar	50
jg	价格	money	8
hj	合计	int	4
rq	日期	datetime	8
qd	用户操作	text	16

5．图书类型表（bookType）

表 7-5　图书类型表

列名	描述	数据类型	长度
bookTypeId	类型 ID，自增	int	4
bookTypeName	图书类型名	varchar	20
isDelete	是否删除	int	4
context	备注	varchar	40

6．管理者信息表（adminInfo）

表 7-6　管理者信息表

列名	描述	数据类型	长度
adminId	管理员 ID，自增	int	4
adminName	登录名	varchar	50
adminPassword	密码	varchar	50
adminType	管理类型	int	4

7.3　实现步骤

7.3.1　实现准备

1．Web 服务器配置

打开 MyEclipse，选择菜单 Window→Preferences→MyEclipse→Servers，选择 Tomcat 7.x 并进行配置，如图 7-8 所示。

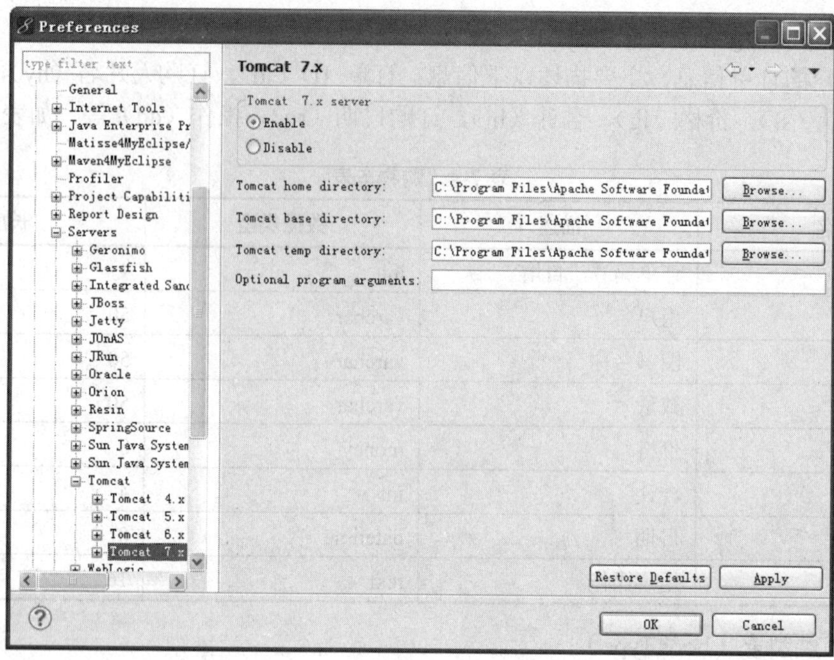

图 7-8　配置 Tomcat 服务器

2. JDK 选择

执行菜单 Window→Preferences→Java→Installed JREs→JDK，选择 JDK 的版本，如图 7-9 所示；当安装了新的 JDK 而没有显示出来的时候，单击右侧 Add 按钮，添加新的 JDK，如图 7-10 所示。

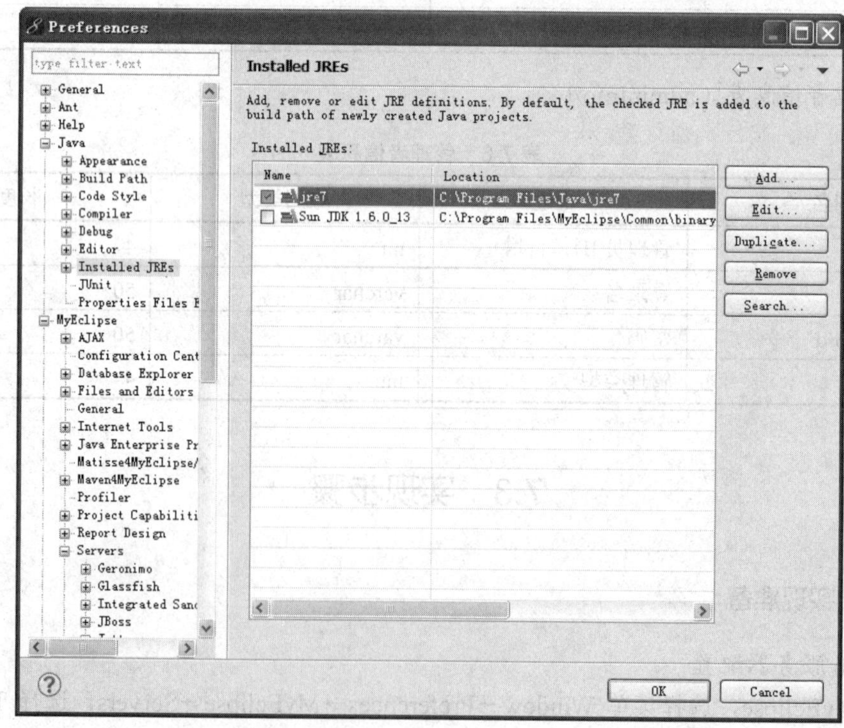

图 7-9　选择 JDK 版本

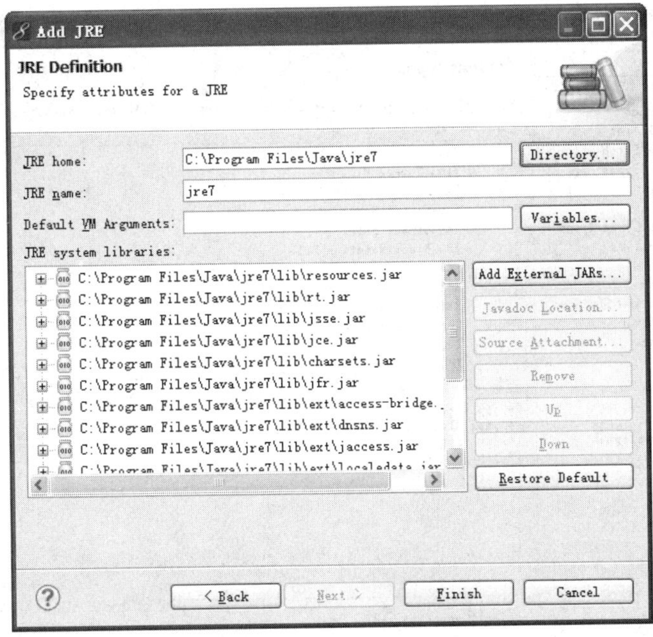

图 7-10　添加新的 JDK 版本

3. JSP 字符集

执行菜单 Window→Preferences→General→Content Types，选择右侧 Text 选项，如图 7-11 所示。

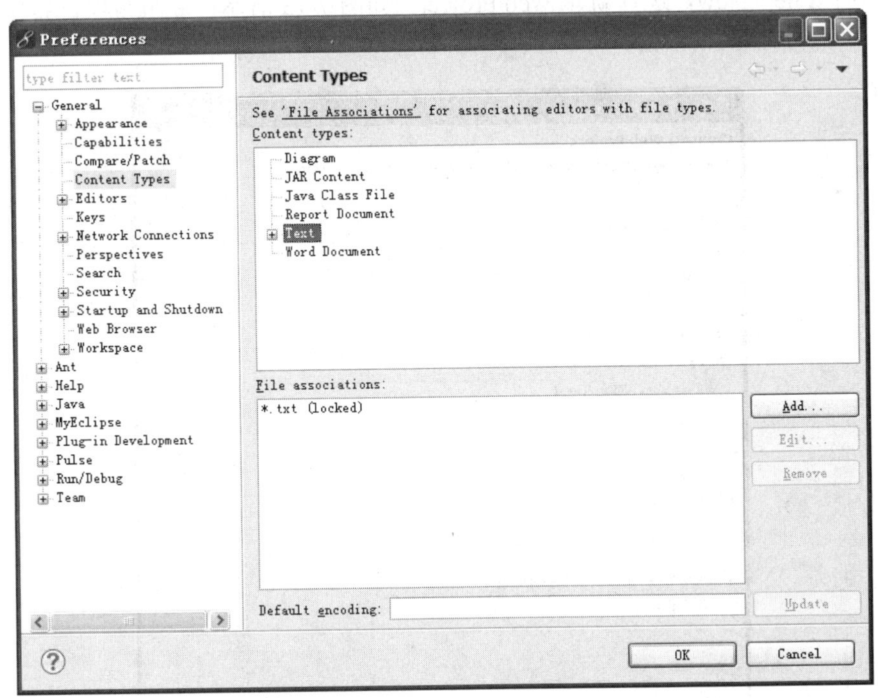

图 7-11　设置 JSP 字符集步骤 1

接下来选择 JSP，并在底端文本框输入默认的字符集为 GBK 或者 UTF-8，如图 7-12 所示。

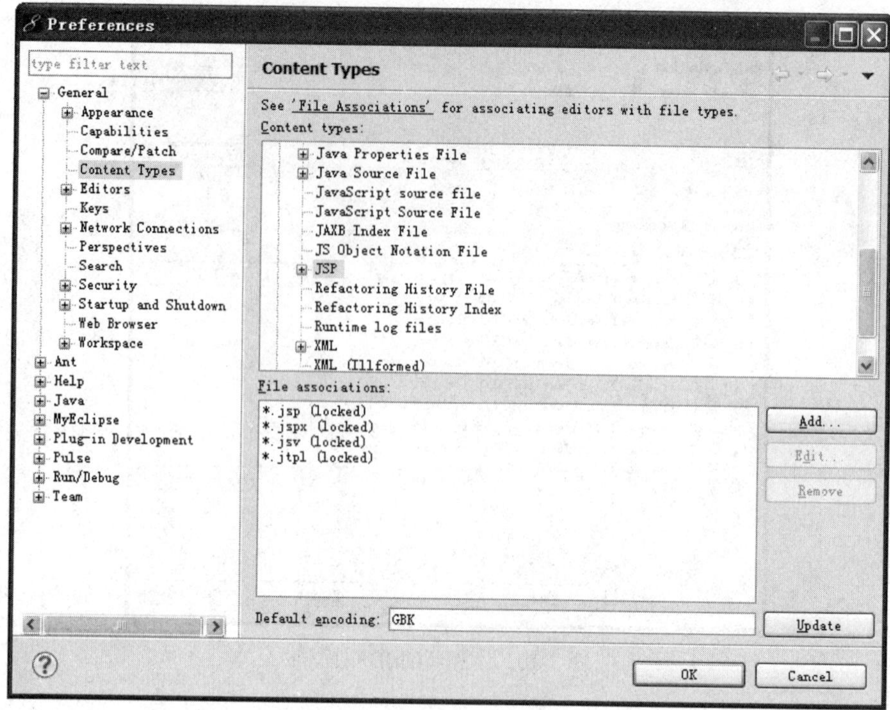

图 7-12　设置 JSP 字符集步骤 2

4. 创建 Web 项目

打开菜单 File→New，选择新建 Web Project，如图 7-13 所示；并填写项目名称以及 J2EE 规范。

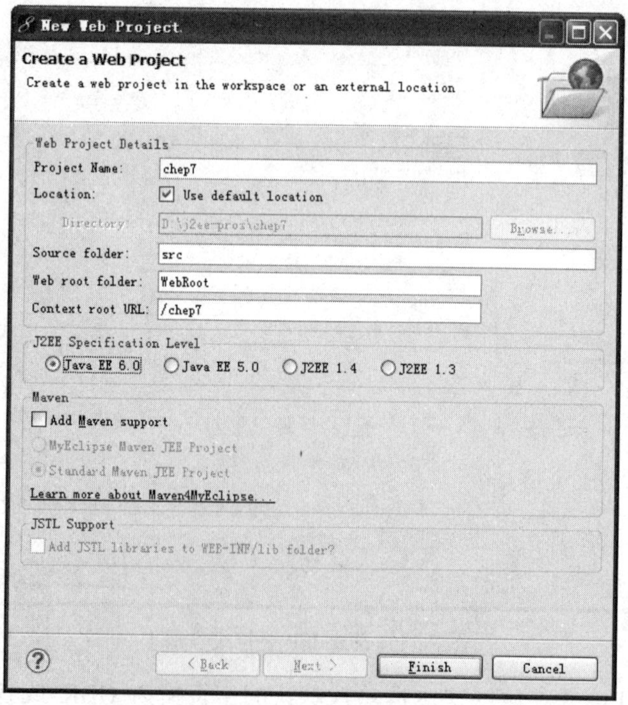

图 7-13　创建 Web 工程

接下来，创建包 servlets.shiy 和 bean.shiy，分别用来放置 Servlet 类和 JavaBean 类，如图 7-14 和图 7-15 所示。

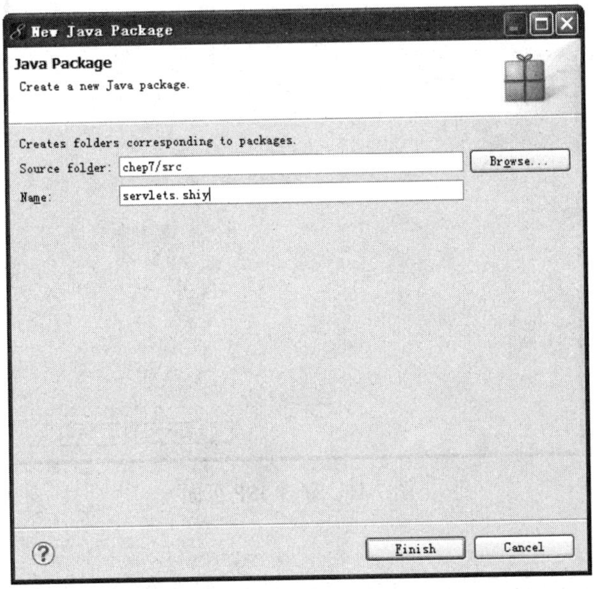

图 7-14　创建 Servlet 包

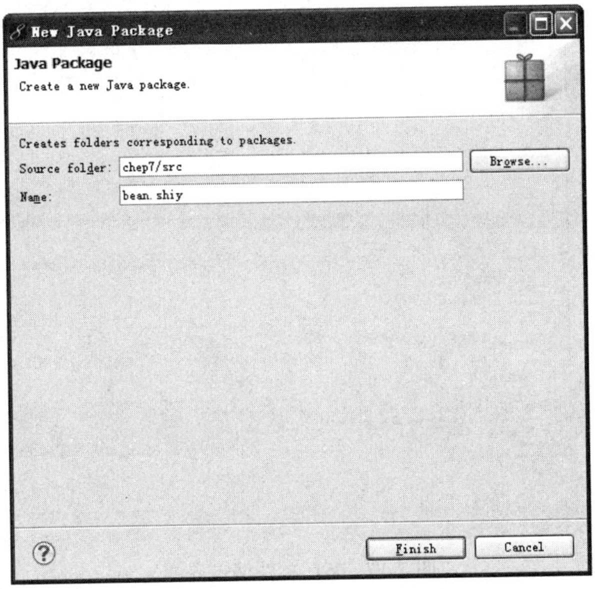

图 7-15　创建 JavaBean 包

7.3.2　Web 页面设计

设计用户图书查看页面，查询页面，注册页面，登录页面；以及管理添加图书、修改图书、删除图书等页面。以查看页面（list.jsp）为例，步骤如下：

1．新建 JSP 页面

打开菜单 File→New，选择新建 JSP 文件，填写文件名，如图 7-16 所示。

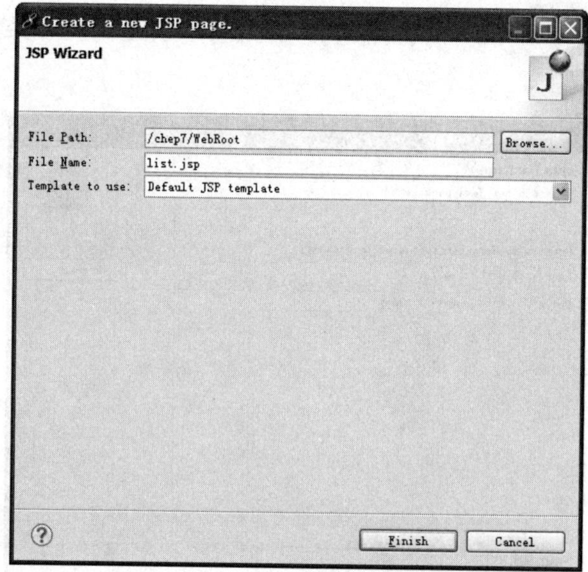

图 7-16 新建 JSP 页面

2. 编辑 JSP 页面

JSP 文件编辑页面如图 7-17 所示，进行添加内容，修改布局，以及设置 Servlet 的访问等。

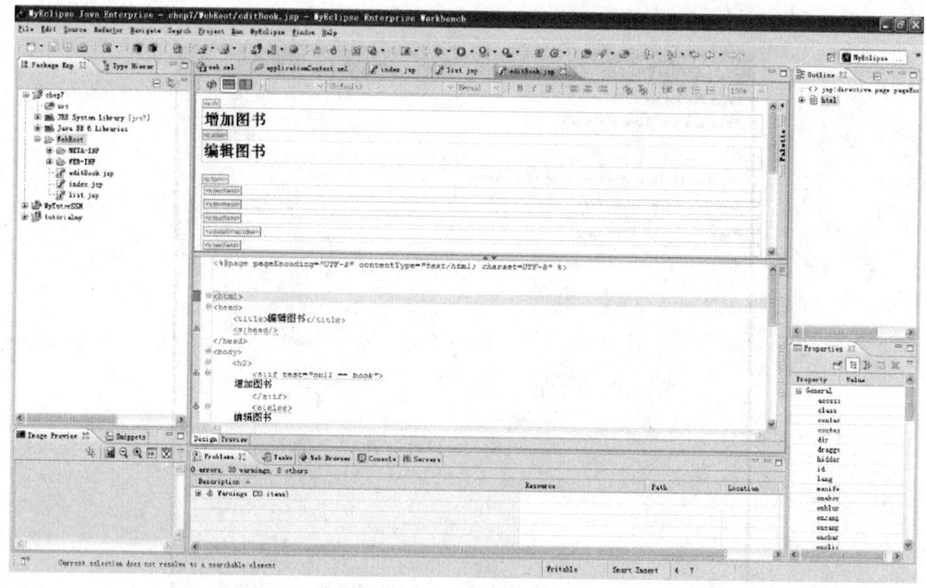

图 7-17 JSP 文件编辑界面

7.3.3 Servlet 类

设计用户图书查看，图书查询页面，管理员添加、修改等 Servlet 类，响应用户 JSP 页面的操作请求，并通过调用 Bean 提供的功能，完成数据库访问等工作。以查询图书 Servlet 为例，其过程如下：

1. 新建 Servlet

打开菜单 File→New，选择新建 Servlet 文件，填写文件名，如图 7-18 所示。

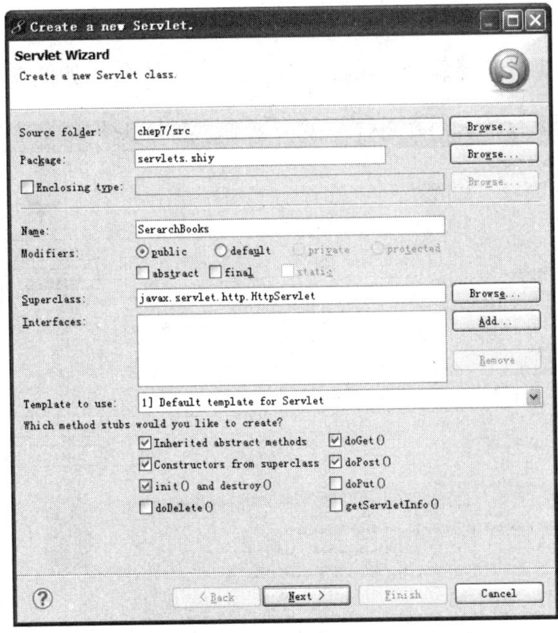

图 7-18　创建 Servlet

2. 注册 Servlet

Servlet 要起到过滤器的作用，需要在 web.XML 文件中注册；如图 7-19 所示，选中 Generate/Map web.xml file。

Create a new Servlet.
Servlet Wizard
Generate/Map web.xml file
Servlet/JSP Class Name: servlets.shiy.SerarchBooks
Servlet/JSP Name: SerarchBooks
Servlet/JSP Mapping URL: /servlet/SerarchBooks
File Path of web.xml: /chep7/WebRoot/WEB-INF
Browse...
Display Name: This is the display name of my J2EE component
Description: This is the description of my J2EE component
< Back
Next >
Finish
Cancel

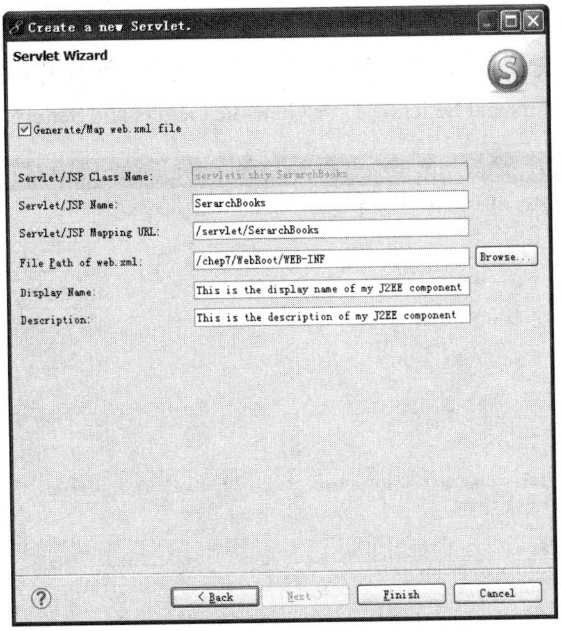

图 7-19　选中注册 Servlet

7.3.4　JavaBean 类

设计用户图书查看，图书查询页面，管理员添加、修改等功能类，响应 Servlet 类调用。以图书查询 Bean 为例，其过程如下：

1. 新建 Java 类

打开菜单 File→New，选择新建 Class 文件，填写文件名，如图 7-20 所示。

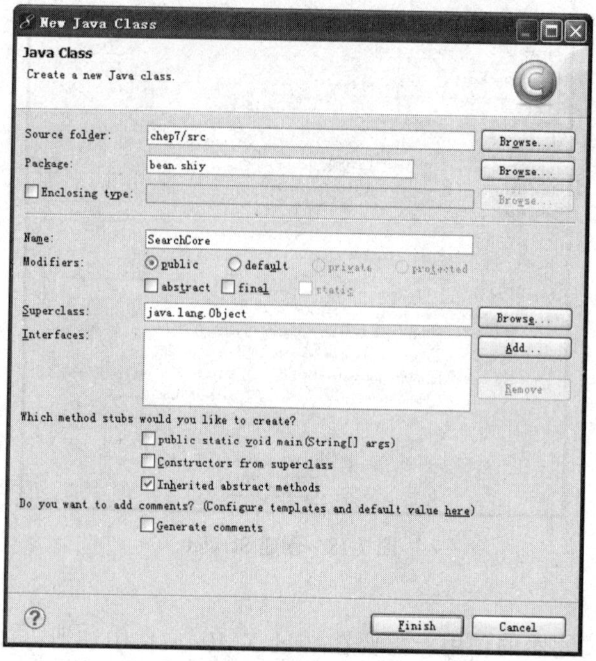

图 7-20　新建 Java 类

2. 扩展 get 和 set 函数

为新建的类建立类变量，并添加访问函数。在类代码空白处右键单击或者直接右键单击类文件名，选择 Generate Getters and Setters，打开 Generate Getters and Setters 窗口，如图 7-21 所示。

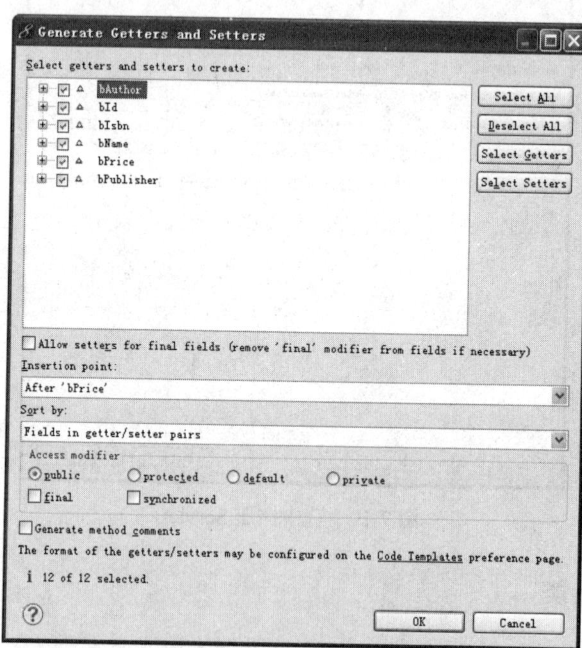

图 7-21　实现内部变量访问

7.3.5　工程目录

添加完所有的页面、Servlet 以及 Bean 之后，项目的工程结构目录如图 7-22 所示。

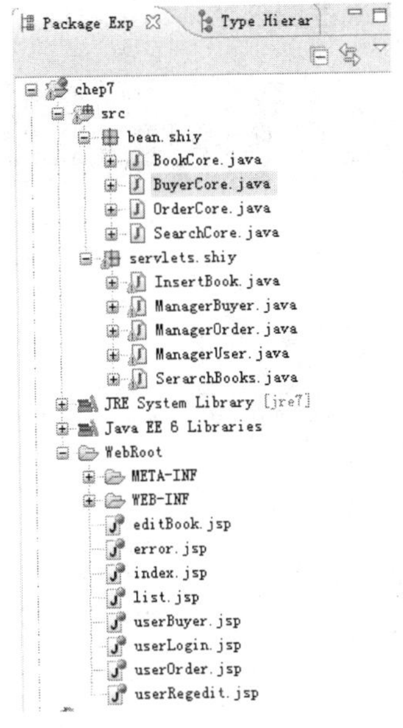

图 7-22　工程目录

7.4　实现效果

1. 首页浏览

系统的首页面，包括图书推荐、用户登录、图书分类、图书搜索以及推荐书店等部分，其中图书推荐包括专题推荐、行家推荐、最新推荐、读者推荐，如图 7-23 所示。

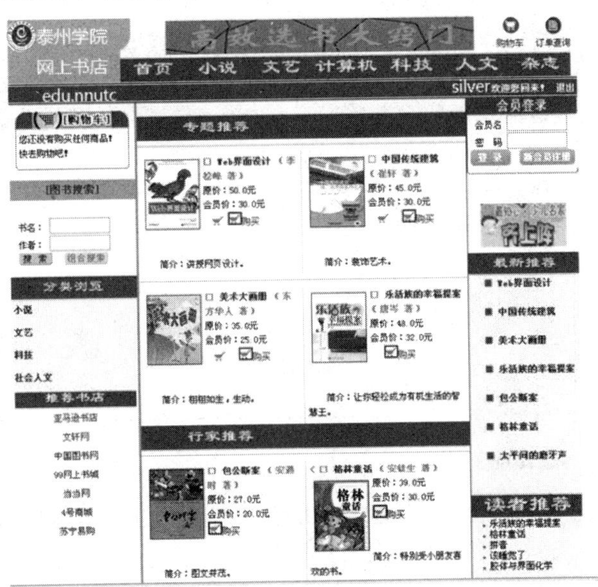

图 7-23　首页面

2. 图书浏览

首页面中的专题推荐和行家推荐中，共提供了八本图书以及相关简介，未注册或者未登录用户都可以对图书详细信息进行查询。用户也能通过左侧的分类浏览，搜索所需要的图书。用户选中某一本书，点击图书图标或者图书名，即可出现图书的详细信息，如图 7-24 所示。

图 7-24 浏览图书的页面

在前台系统的首页面，用户可以看到搜索和组合搜索两种搜索方式。当使用搜索时，用户根据自己的需要，通过输入图书名、图书作者或者其中的一个关键词，单击搜索即可查询图书。也可以使用另外一种搜索方式，用户点击组合搜索，将打开一个新的页面，通过组合搜索，即根据书名、出版社、作者、价格范围等信息，来进行相关的搜索，如图 7-25 所示。

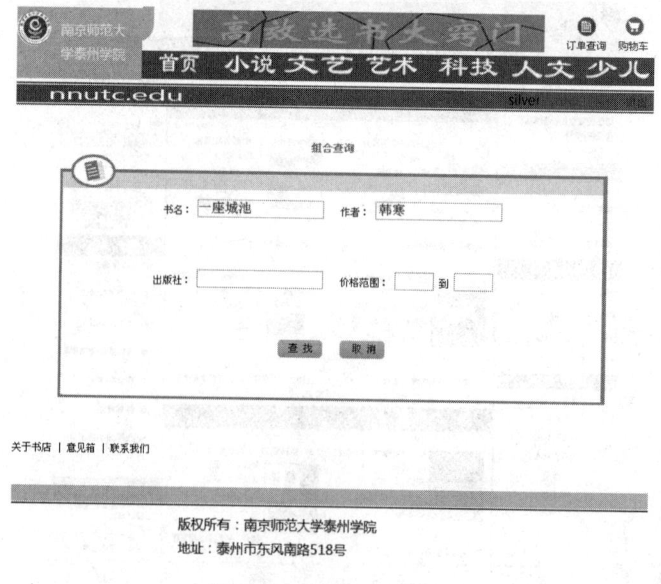

图 7-25 组合查询页面

图书的搜索是通过关键字进行的，主要代码如下所示：

```
public class FindOtherServlet extends HttpServlet {
public void doGet(HttpServletRequest request, HttpServletResponse response)
throws ServletException, IOException
{
    this.doPost(request, response);
}
public void doPost(HttpServletRequest request, HttpServletResponse response)
        throws ServletException, IOException {
            BookInfoDAO bookInfoDAO = new BookInfoDAO();
            int pageSize    = 5;
            int nowPage    = 1;
            int pageCount = 0;
            int rowCount = 0;
            String       bookName = null;
            String author = null;
            String pbName = null;
            float initPrice = 0;
            float endPrice = 0;
            if (request.getParameter("bookName") != null)
            {
            bookName = request.getParameter("bookName").trim();
                if ("null".equals(bookName))
                {
                    bookName = null;
                }
                request.setAttribute("bookName", bookName);
            }
            if (request.getParameter("author") != null) {
                author= request.getParameter("author").trim();
                if ("null".equals(author))
                {
                    author = null;
                }
            request.setAttribute("author",author);
            }
            if (request.getParameter("pbName") != null)
            {
                pbName= request.getParameter("pbName").trim();
                if ("null".equals(pbName)) {
                    pbName = null;
                }
                request.setAttribute("pbName", pbName);
            }
            if (request.getParameter("initPrice") != null && request.getParameter("endPrice") != null) {
            String strInit = request.getParameter("initPrice").trim();
            String strEnd = request.getParameter("endPrice").trim();
```

```
        try {
            if (strInit != null) {
                initPrice = Float.parseFloat(strInit);
            }
            if (strEnd != null) {
                endPrice = Float.parseFloat(strEnd);
            }
        }catch (NumberFormatException ex) {
            System.out.println("数据转换错误");
            ex.printStackTrace();
        }
        request.setAttribute("initPrice", initPrice);
        request.setAttribute("endPrice", endPrice);
    }
```

3. 购物车模块

当用户登录成功后，可以点击购买按钮，购买所需要的图书，然后可以看到购物车的详细信息。用户点击结账按钮时，可以看到订单详细信息；用户点击继续购买按钮时，将返回到首页面，可继续选择所需要的图书，如图 7-26 所示。

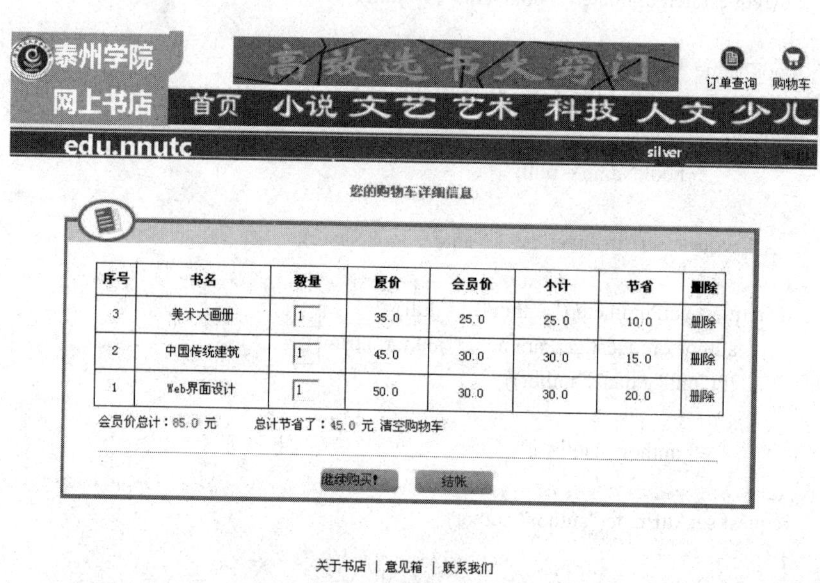

图 7-26 我的购物车页面

4. 用户管理模块

管理员点击左侧的客户管理，便进入了用户管理界面，可看到客户信息表，这里显示了前台所有客户的详细信息，管理员可以进行查看和删除操作，如图 7-27 所示。

5. 订单信息管理模块

当管理员点击订单管理时，可以查看订单的详细信息，如图 7-28 所示。

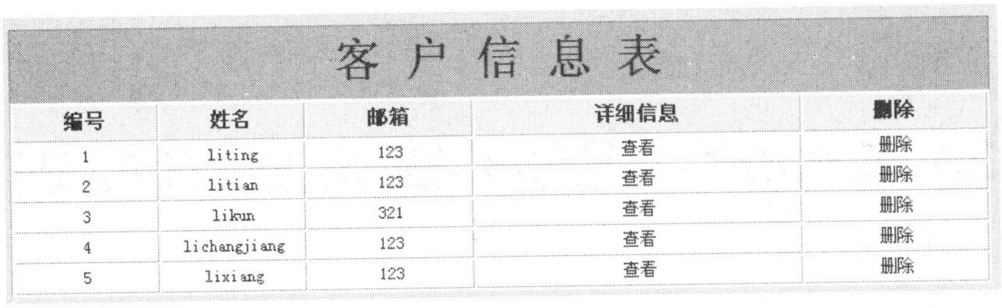

客户信息表

编号	姓名	邮箱	详细信息	删除
1	liting	123	查看	删除
2	litian	123	查看	删除
3	likun	321	查看	删除
4	lichangjiang	123	查看	删除
5	lixiang	123	查看	删除

图 7-27　用户管理页面

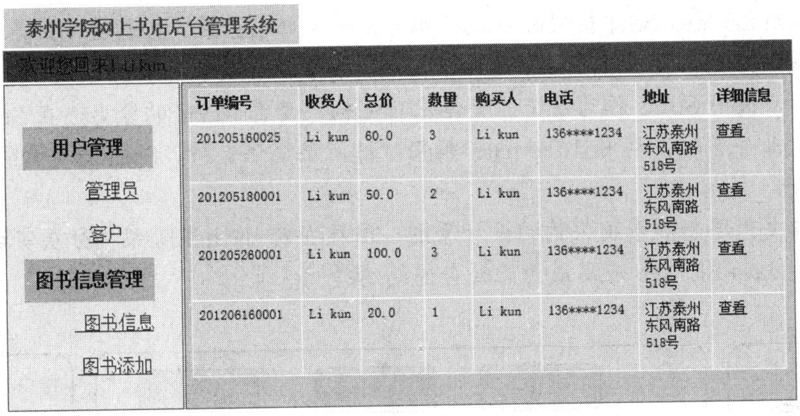

泰州学院网上书店后台管理系统

欢迎您回来! Li kun

用户管理
管理员
客户
图书信息管理
图书信息
图书添加

订单编号	收货人	总价	数量	购买人	电话	地址	详细信息
201205160025	Li kun	60.0	3	Li kun	136****1234	江苏泰州东风南路518号	查看
201205180001	Li kun	50.0	2	Li kun	136****1234	江苏泰州东风南路518号	查看
201205260001	Li kun	100.0	3	Li kun	136****1234	江苏泰州东风南路518号	查看
201206160001	Li kun	20.0	1	Li kun	136****1234	江苏泰州东风南路518号	查看

图 7-28　订单管理页面

7.5　本章小结

本章基于 MyEclipse10.6 平台完成了一个网上书店实例的开发讲解，是本书第一个 Web 项目开发实例，也是 MVC 开发模式的典型应用实践。文中侧重讲解了 JSP/Servlet/JavaBean 程序设计模式，给出了项目结构分析、部分页面及功能类的设计。感兴趣的同学可以通过功能扩展，开发更加完整、更为实用的网络书店等应用系统。

一般的 Web 项目都是可以基于 JSP/Servlet/JavaBean 编程模式来完成的。本书将在第三部分集中讲解基于 SSH 框架开发 Web 项目，请留心对比。通过本章的学习，读者一定要充分理解 MVC 编程模式，掌握 JSP、Servlet、JavaBean 技术开发要点及其交互方式并熟练应用。

第三部分　SSH 框架应用实训

SSH 简介

SSH 为 Struts+Spring+Hibernate 的一个集成框架，是目前比较流行的一种 Web 应用程序开源框架。Java EE 集成 SSH 框架的系统从职责上分为四层：展、控制层、业务逻辑层、数据访问层，以帮助开发人员在短期内搭建结构清晰、可复用性好、维护方便的 Web 应用程序。如图 8-1 所示，使用 Struts 作为系统的整体基础架构，负责 MVC 的分离，在 Struts 框架的模型部分，控制业务跳转，利用 Hibernate 框架对访问层提供支持，Spring 负责管理 Struts 和 Hibernate。

基于软件复用思想和系统架构的设计原则，以及当前 Java EE 架构分层实现思想，利用 SSH 快速开发 Java EE Web 应用成为比较普遍的选择。

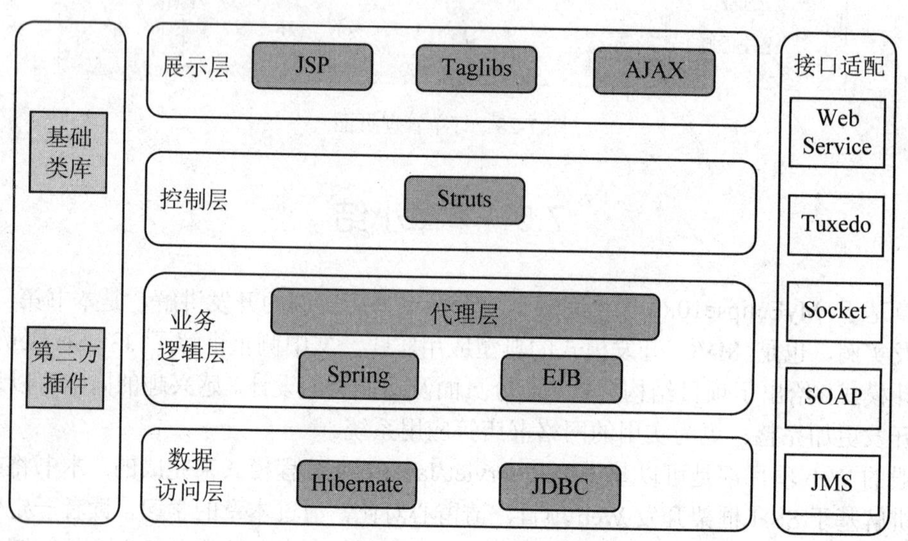

图 8-1　Java EE Web SSH 开发架构

在图 8-1 中：

（1）数据访问层采用 Hibernate 实现增删改和一般的查询操作，JDBC 实现对性能有要求的操作。

（2）业务逻辑层采用 Spring 或者 SessionBean 实现，两种技术并存，在具体应用时，根据需要选择。当需要较多的对外接口的时候，采用 EJB 会更便于包装成对外提供的服务，而 Spring 技术更便于开发和调试。业务逻辑层内部还可以根据实际需要再细分为：代理层、服务层和逻辑层。

1）代理层提供给上层调用，屏蔽了内部技术差异的细节。

2）逻辑层根据需要适当地封装成单独的 JavaBean，以提高业务逻辑的重用性。

3）服务层实现事务的控制和业务逻辑的调用，简单且不需要重用的逻辑可以直接在服务层实现。

（3）控制层采用 Struts 框架。展示层的用户请求都通过 Struts 的 ActionServlet 和 Action 实现。各种权限、异常、字符集、国际化也都在这里控制。

（4）展示层采用 JSP，充分利用 TagLib 技术将 Java 代码和页面代码分离，界面的校验采用普通的 JavaScript，涉及后台的校验时采用 Ajax 技术。

（5）系统的对外接口上，提供了多种可选择的技术，可根据不同的需要进行选择。对性能要求不高的接口，建议用比较通用的 WebService；在同构系统中，特别是企业内的核心系统，建议采用 EJB 实现，性能较好；对于跨业务的性能要求较高的接口，选用 Tuxedo 或者 Socket 比较合适。

项目目标

- 理解 SSH 框架及核心技术
- 掌握基于 SSH 的 Web 应用开发方法
- 掌握技术 SSH 的 Web 应用开发关键技术
- 完成两个实训项目

章节安排

本部分集中讲解基于 SSH 的 Web 应用开发技术，安排 3 个章节。其中第 8 章首先对 Struts、Spring、Hibernate 技术进行了讲解；然后基于 MyEclipse 平台以第 7 章中图书管理功能部分为例，详细介绍了基于 SSH 的 Web 应用开发的步骤并给出了部分关键代码。

在第 8 章的技术基础上，第 9 章和第 10 章安排了具体的项目开发实训。内容仍是以读者比较熟悉的应用场景入手，其中在第 9 章中，设计了科研文档管理系统的实训，且涉及到了数据库连接池的应用技术；第 10 章则基于 SSH 框架实现了一个在线考试系统。读者在项目实训过程中可以通过对比学习，进一步掌握 SSH 框架开发技术。

第 8 章　SSH 框架开发基础

8.1　MVC 模式和 Struts 技术

MVC 是 Model View Controller 的缩写，即模型-视图-控制器，它是目前非常流行的软件设计模式。MVC 强制性地把应用程序的输入、处理和输出分开，把应用分成三个核心模块，分担不同的任务，图 8-2 展示了它们之间的关系。

MVC 的处理过程：

- 首先控制器接收用户的请求，并决定调用哪个模型来进行处理；
- 然后模型根据用户请求进行相应的业务逻辑处理，并返回数据；
- 最后控制器调用相应的视图来格式化模型返回的数据，并通过视图呈现给用户。

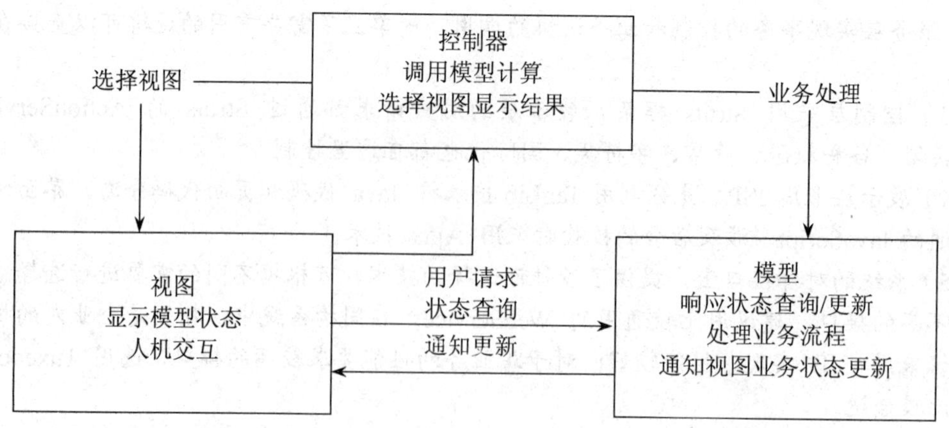

图 8-2 MVC 关系图

MVC 实现了多个视图共享一个模型，它的模型是自包含的，与控制器和视图保持相对独立，所以可以方便地改变应用程序的数据层和业务规则，而控制器则提高了应用程序的灵活性和可配置性。基于 MVC 模式，Sun 公司先后制定了两种规范：JSP Model1 和 JSP Model2。

Struts 框架源于 Apache 软件基金会（Apache Software Foundation）的 Jakarta 项目，是在 JSP Model2 基础上实现的一个开源的表示层框架，由一组相互协作的类、Serlvet 以及 JSP Taglib 组成。在 Struts 框架中，模型由实现业务逻辑的 JavaBean 或 EJB 组件构成，控制器由 ActionServlet 和 Action 来实现，视图由 JSP 文件构成，图 8-3 展示了 Struts 实现的 MVC 框架。

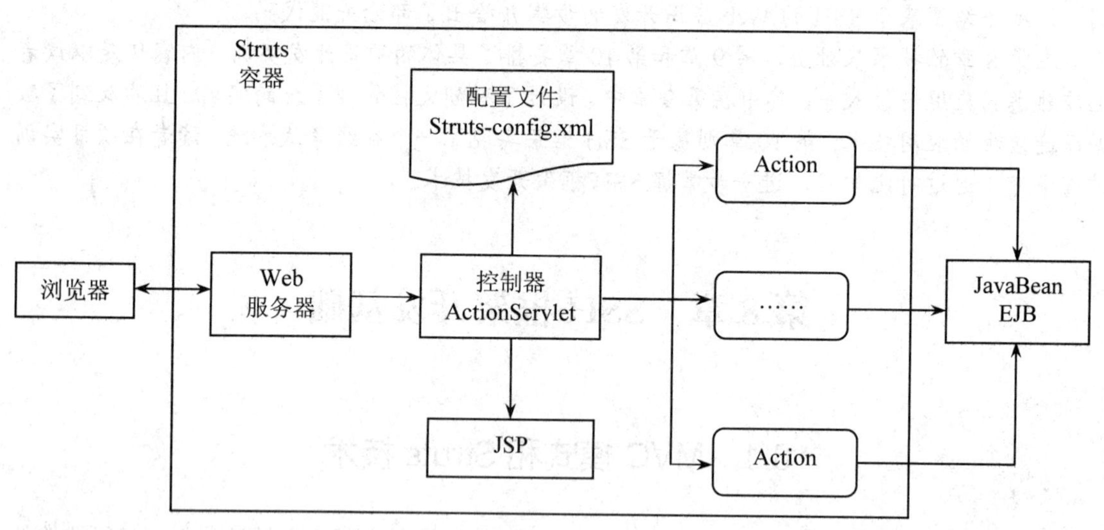

图 8-3 Struts 框架

8.2 Spring 框架技术

Spring 是一个开源框架，由 Rod Johnson 创建，是为了解决企业应用开发的复杂性而创建的。简单地说，Spring 是一个轻量级的 IoC（控制反转）和 AOP（面向切面的编程）

容器框架。它最大的贡献是在 Web 应用框架中引入了控制反转的思想（Inversion of Control，IoC），它的架构核心是基于使用 JavaBean 属性的 IoC 容器，提供了管理业务对象的一致方法并且鼓励注重对接口编程而不是对类编程的良好习惯；Spring 还提供了数据访问层的解决方案，通过唯一的数据访问抽象，可以集成简单和有效率的 JDBC 框架，也可以集成 Hibernate 和其他 ORM（对象关系映射）解决方案；Spring 还提供了唯一的事务管理抽象，它能够在各种底层事务管理技术（例如 JTA 或者 JDBC）的基础上，提供一个一致的编程模型。Spring 具有先进的思想、简洁而优雅的结构和强大的功能，也使其成为 Web 应用开发关注的焦点之一。

Spring 由 7 个定义良好的模块组成，每个模块都可以单独存在，或者与其他一个或多个模块联合实现。Spring 模块构建在核心容器之上，核心容器定义了创建、配置和管理 Bean 的方式，图 8-4 为 Spring 的主要结构。

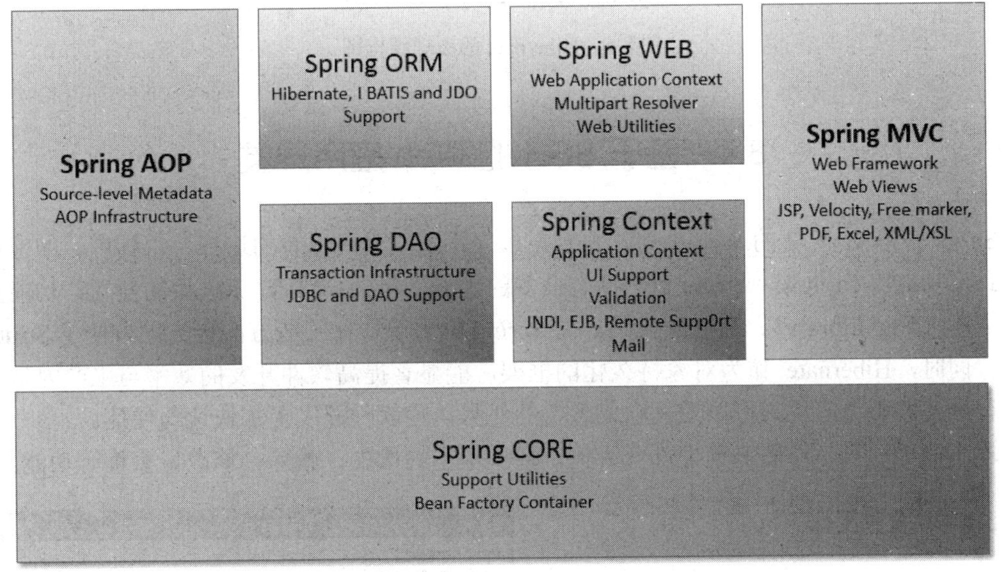

图 8-4　Spring 的主要结构

8.3　ORM 和 Hibernate 技术

对象关系映射（Object Relational Mapping，简称 ORM）是一种为了解决面向对象与关系数据库存在互不匹配现象的技术。简单的说，ORM 是通过使用描述对象和数据库之间映射的元数据，将 Java 程序中的对象自动持久化到关系数据库中。本质上就是将数据从一种形式转换到另外一种形式。Hibernate 就是一个基于 Java 的开放源代码的持久化中间件，越来越多的 Java 开发人员把 Hibernate 作为企业应用和关系数据库之间的中间件，以节省和对象持久化有关的 JDBC 编程工作量。

在使用 Hibernate 作为数据持久方案的系统中，应用程序直接使用持久对象（Persistent Object）来操作数据库，而具体实现的细节则被 Hibernate 隐藏起来，可以通过 Hibernate.properties 和 XML 映像文件等配置文件处理具体的数据库操作。图 8-5 主要展示了 Hibernate 的原理。

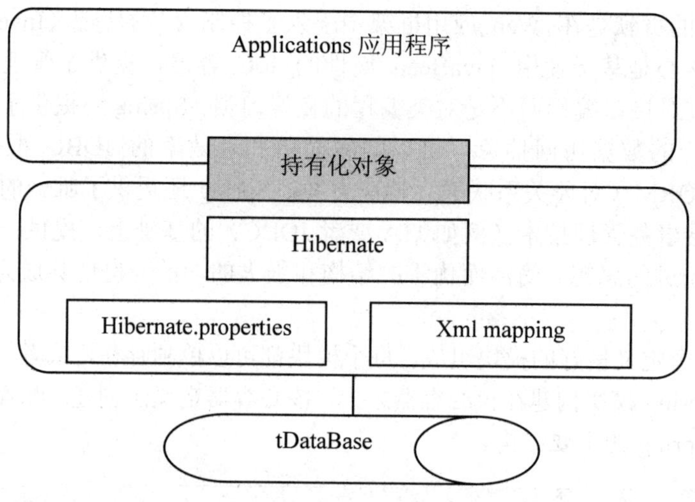

图 8-5 Hibernate 的原理结构图

8.4 基于 SSH 的 Web 应用开发

Struts 作为 MVC 2 的 Web 框架，自推出以来不断受到开发者的追捧，得到广泛的应用。作为最成功的 Web 框架，Struts 自然拥有众多的优点，包括：MVC 2 模型的使用、功能齐全的标志库（Tag Library）、开放源代码。而 Spring 的出现，在某些方面极大地方便了 Struts 的开发。同时，Hibernate 作为对象持久化的框架，能显著提高软件开发的效率与生产力。这三种流行框架的整合应用，可以发挥它们各自的优势，使软件开发更加快速与便捷。

本示例仍以第 7 章图书管理部分为例，提供基本的增加、删除、修改、查询等功能。

8.4.1 准备工作

开发环境：MyEclipse10 和 Struts 2.1，Spring 和 Hibernate 使用 MyEclipse 内置的版本。

1. 新建 Web 工程

打开 Myeclipse，单击菜单 File→New，如图 8-6 所示，选择 Web Project；接下来填写工程名称、项目目录，选择 Jave EE 6.0 等信息，如图 8-7 所示；确定后新建工程目录如图 8-8 所示。

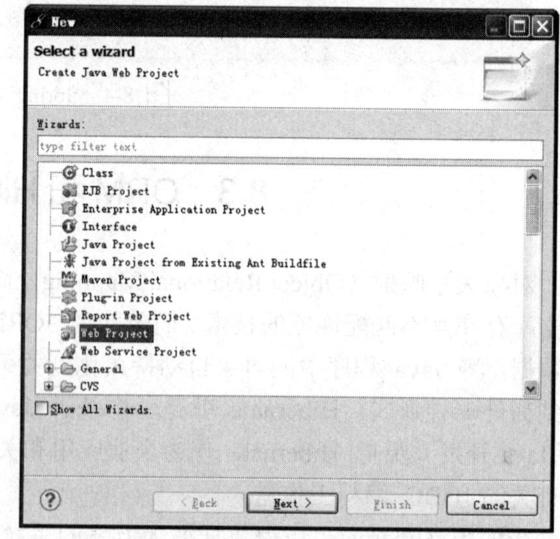

图 8-6 新建 Web 工程步骤 1

2. 配置 Struts 支持

右键单击工程名，选择 MyEclipse→Add Struts Capabilities，如图 8-9 所示；接下来为选择 Struts 的版本填写过滤器名称，如图 8-10 所示；确定后 Web.xml 文件完成自动修改，其内容如图 8-11 所示。

New Web Project

Create a Web Project

Create a web project in the workspace or an external location

Web Project Details

Project Name: MyTutorSSH

Location: ☑ Use default location

Directory: D:\j2ee-pros\MyTutorSSH　Browse...

Source folder: src

Web root folder: WebRoot

Context root URL: /MyTutorSSH

J2EE Specification Level

○Java EE 6.0　⊙Java EE 5.0　○J2EE 1.4　○J2EE 1.3

Maven

☐Add Maven support

○MyEclipse Maven JEE Project

⊙Standard Maven JEE Project

Learn more about Maven4MyEclipse...

JSTL Support

☐Add JSTL libraries to WEB-INF/lib folder?

< Back　Next >　Finish　Cancel

图 8-7　新建 Web 工程步骤 2

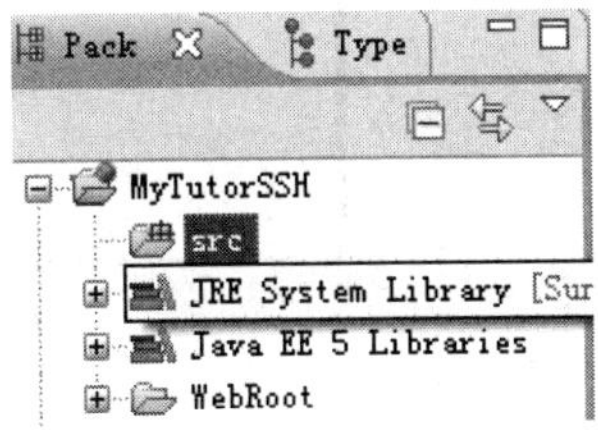

图 8-8　新建的 Web 空白工程

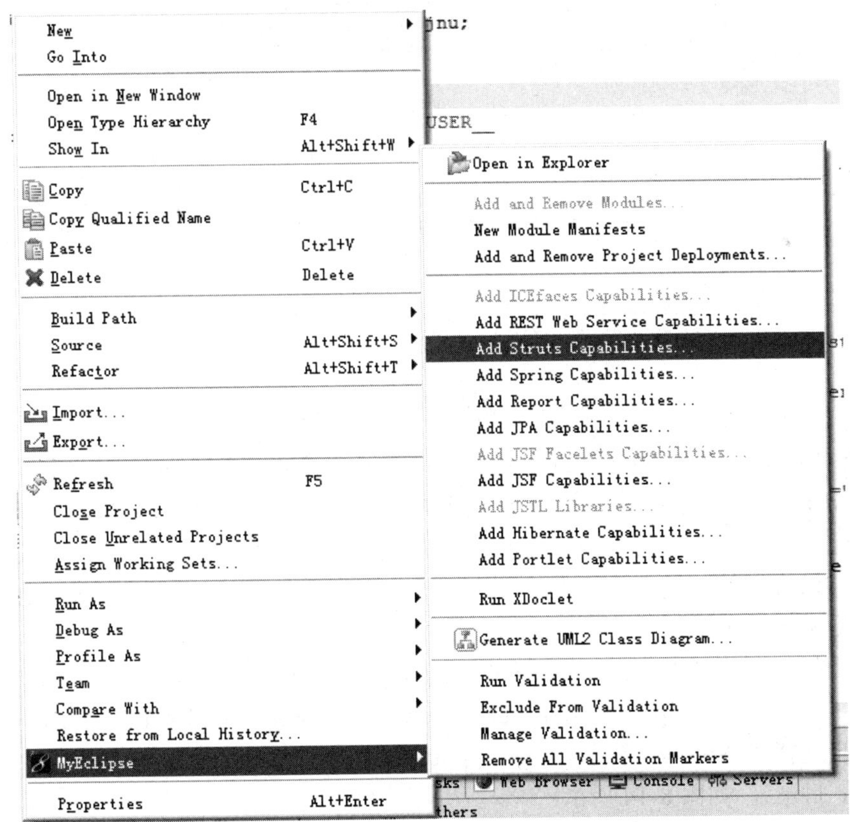

图 8-9　添加 Struts 步骤 1

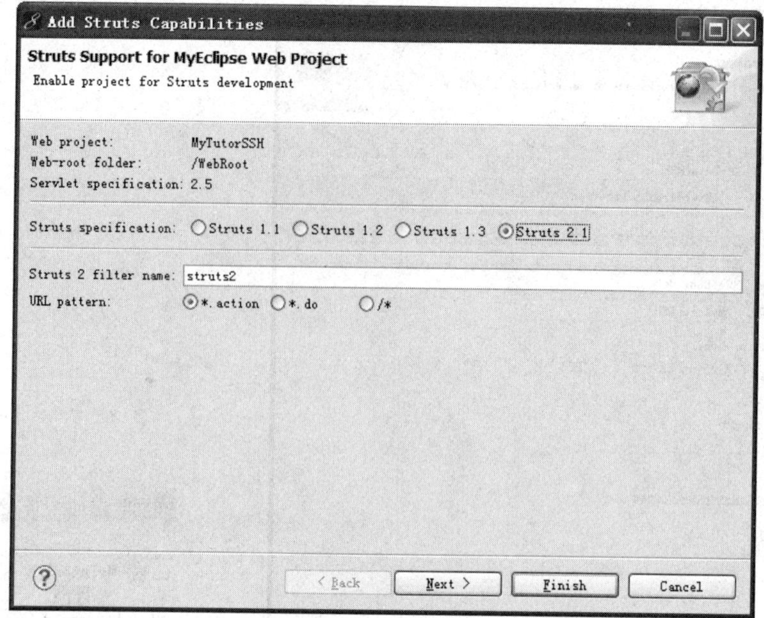

图 8-10 添加 Struts 步骤 2

```
<?xml version="1.0" encoding="UTF-8"?>
<web-app version="2.5"
    xmlns="http://java.sun.com/xml/ns/javaee"
    xmlns:xsi="http://www.w3.org/2001/XMLSchema-instance"
    xsi:schemaLocation="http://java.sun.com/xml/ns/javaee
    http://java.sun.com/xml/ns/javaee/web-app_2_5.xsd">
  <display-name></display-name>
  <welcome-file-list>
    <welcome-file>index.jsp</welcome-file>
  </welcome-file-list>
  <filter>
    <filter-name>struts2</filter-name>
    <filter-class>
        org.apache.struts2.dispatcher.ng.filter.StrutsPrepareAndExecuteFilter
    </filter-class>
  </filter>
  <filter-mapping>
    <filter-name>struts2</filter-name>
    <url-pattern>*.action</url-pattern>
  </filter-mapping></web-app>
```

图 8-11 添加 Struts 后的 web.xml

在系统中加入 Struts 支持，实际上就是要在系统中增加一个 Struts“过滤器（filter)”；所有的文件，在以页面形式展示到用户的浏览器之前，先要通过该过滤器“过滤”（即处理）一遍，这样给了 Struts 控制模块一个处理页面中特有的 Struts 标签的机会；也就是说，后台程序可以将这些 Struts 标签“翻译”成为相关的数据并处理后，才将生成的页面提交给终端用户。

3. 配置 Spring 支持

在工程名上右击并选择 MyEclipse→Add Spring Capabilities，如图 8-12 所示；选中所有 3.1 版的 Spring 包，并选择 Copy checked Library contents to project folder 单选按钮，如图 8-13 所示；最后一步选择将 Spring 的配置文件 applicationContext.xml 放到 WEB-INF 目录下（而不是缺省的 src 目录），如图 8-14 所示。

重要：手动在 Web.xml 中增加一个 listener: ContextLoaderListener；使得我们可以方便地获取当前程序的运行上下文，从而得到 DAO 对象以操纵数据库。

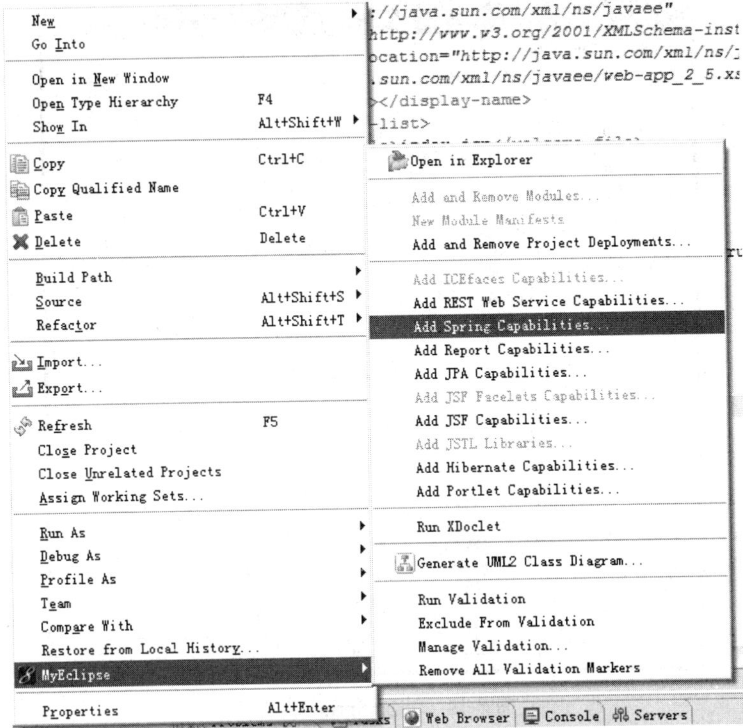

图 8-12　添加 Spring 步骤 1

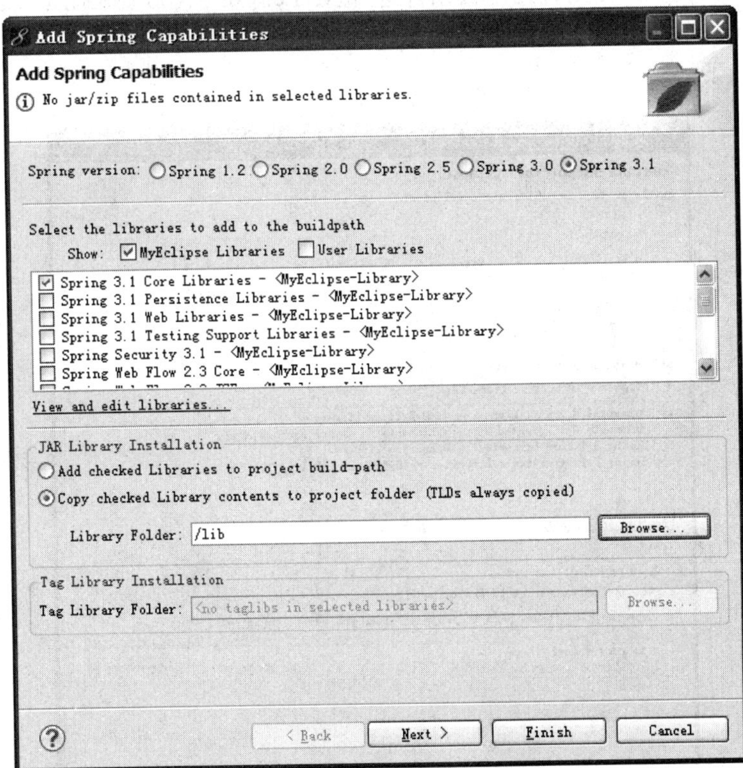

图 8-13　添加 Spring 步骤 2

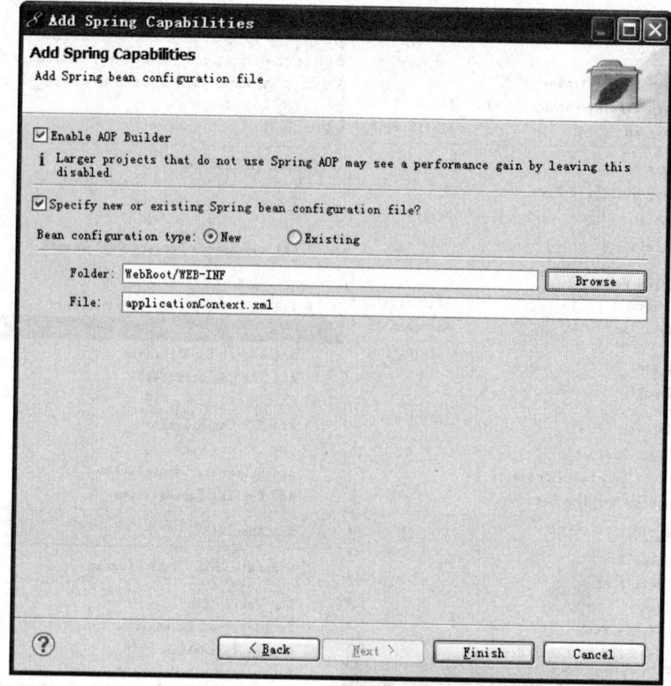

图 8-14 添加 Spring 步骤 3

4. 配置 Hibernate 支持

和上面的步骤类似，在工程名上右击并选择 MyEclipse→Add Hibernate Capabilities，为工程添加 Hibernate 支持。如图 8-15 所示，选择 Hibernate 版本为 4.1，同样选择将所有支持包拷贝到 lib 目录下。

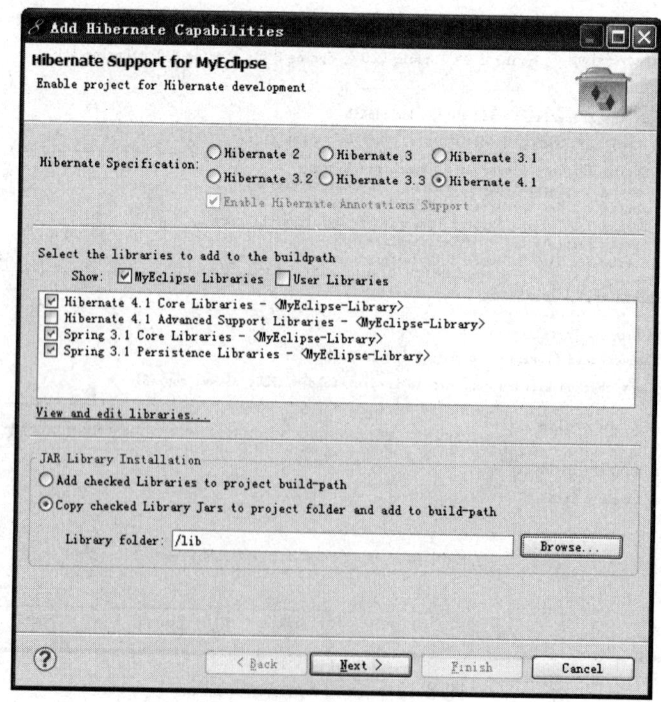

图 8-15 添加 Hibernate 步骤 1

接下来，需要完成 Hibernate 的文件配置；如图 8-16 所示，在“配置文件”选项中，选择 Spring configuration file 单选按钮；配置文件的位置在上一步中的 WEB-INF/applicationContext.xml 文件中，如图 8-17 所示。

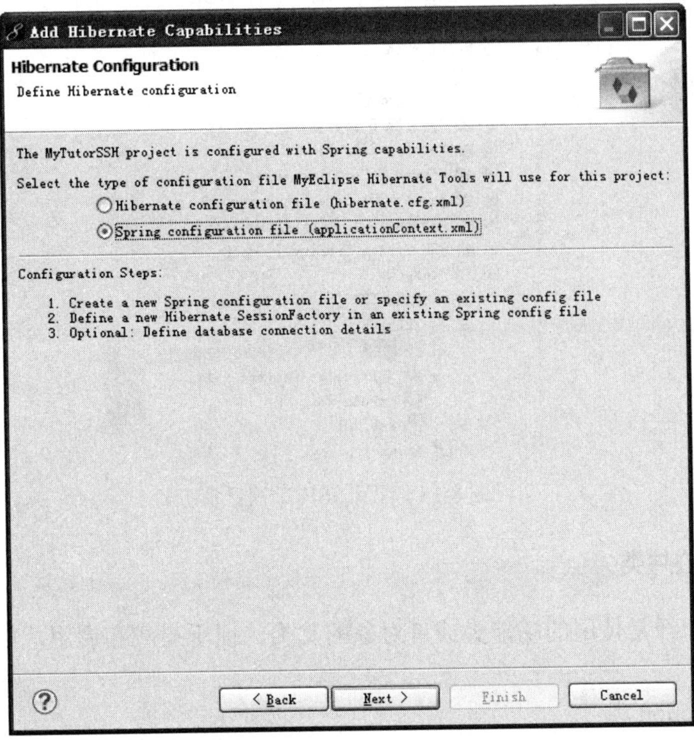

图 8-16　添加 Hibernate 步骤 2

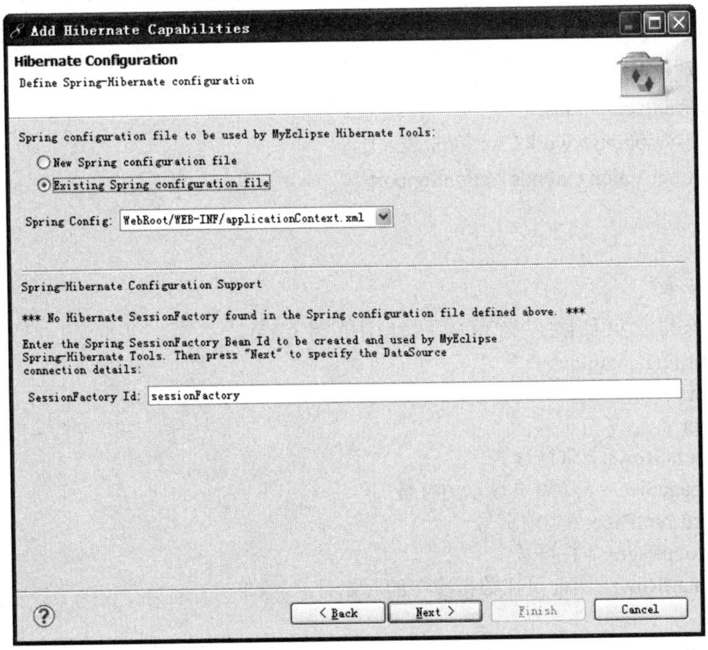

图 8-17　添加 Hibernate 步骤 3

最后的步骤需要配置 JDBC 和 SessionBean。

完成 SSH 配置后的工程目录如图 8-18 所示。

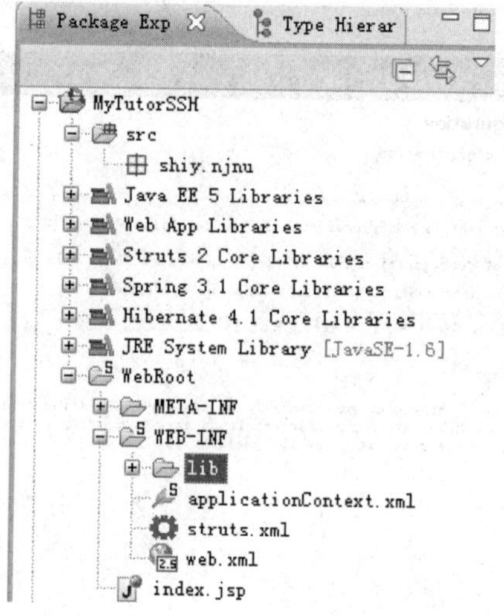

图 8-18 配置 SSH 工程目录

8.4.2 建立公共类

公共类一般指经常使用的功能类或者对象的父类，便于集成和调用，如建立抽象 Action 类，分页类。

1. AbstractAction 类

在理论上 Struts2 的 Action 无须实现任何接口或者是继承任何类，但是，在实际编程过程中，为了更加方便地实现 Action，大多数情况下都会继承 com.opensymphony.xwork2.ActionSupport 类，并且重载（Override）此类里的 String execute()方法。因此先建立抽象类，以供其他 Action 类使用。

```
package com.sterning.commons;
import com.opensymphony.xwork2.ActionSupport;
public class AbstractAction extends ActionSupport {
…//代码略
}
```

2. Pager 分页类

为了增加程序的分页功能，特意建立公用的分页类。

```
package com.sterning.commons;
import java.math.*;
public class Pager {
    private int totalRows; //总行数
    private int pageSize = 5; //每页显示的行数
    private int currentPage; //当前页号
    private int totalPages; //总页数
    private int startRow; //当前页在数据库中的起始行

    public Pager() {
    }
```

```
public Pager(int _totalRows) {
    totalRows = _totalRows;
    totalPages=totalRows/pageSize;
    int mod=totalRows%pageSize;
    if(mod>0){
    totalPages++;
    }
    currentPage = 1;
    startRow = 0;
}
public int getStartRow() {
    return startRow;
}
public int getTotalPages() {
    return totalPages;
}
public int getCurrentPage() {
    return currentPage;
}
public int getPageSize() {
    return pageSize;
}
public void setTotalRows(int totalRows) {
    this.totalRows = totalRows;
}
public void setStartRow(int startRow) {
    this.startRow = startRow;
}
public void setTotalPages(int totalPages) {
    this.totalPages = totalPages;
}
public void setCurrentPage(int currentPage) {
    this.currentPage = currentPage;
}
public void setPageSize(int pageSize) {
    this.pageSize = pageSize;
}
public int getTotalRows() {
    return totalRows;
}
public void first() {
    currentPage = 1;
    startRow = 0;
}
public void previous() {
    if (currentPage == 1) {
    return;
    }
```

```
            currentPage--;
            startRow = (currentPage - 1) * pageSize;
        }
        public void next() {
            if (currentPage < totalPages) {
            currentPage++;
            }
            startRow = (currentPage - 1) * pageSize;
        }
        public void last() {
            currentPage = totalPages;
            startRow = (currentPage - 1) * pageSize;
        }
        public void refresh(int _currentPage) {
            currentPage = _currentPage;
            if (currentPage > totalPages) {
            last();
            }
        }
}
```

同时，采用 PagerService 类来发布成为分页类服务 PagerService，代码如下：

```
package com.sterning.commons;
public class PagerService {
        public Pager getPager(String currentPage,String pagerMethod,int totalRows) {
        //定义 pager 对象，用于传到页面
        Pager pager = new Pager(totalRows);
        //如果当前页号为空，表示为首次查询该页
        //如果不为空，则刷新 pager 对象，输入当前页号等信息
        if (currentPage != null) {
                pager.refresh(Integer.parseInt(currentPage));
        }
        //获取当前执行的方法，首页，前一页，后一页，尾页
        if (pagerMethod != null) {
                if (pagerMethod.equals("first")) {
                    pager.first();
                } else if (pagerMethod.equals("previous")) {
                    pager.previous();
                } else if (pagerMethod.equals("next")) {
                    pager.next();
                } else if (pagerMethod.equals("last")) {
                    pager.last();
                    }
                }
                return pager;
        }
}
```

8.4.3　建立数据访问层

访问层建立实体对象和 Hibernate 的关联，以图书实体为例，步骤如下：

1．编写 Books 实体类

```
package com.sterning.books.model;
import java.util.Date;
public class Books {
    //Fields
    private String bookId;//编号
    private String bookName;//书名
    private String bookAuthor;//作者
    private String bookPublish;//出版社
    private Date bookDate;//出版日期
    private String bookIsbn;//ISBN
    private String bookPage;//页数
    private String bookPrice;//价格
    private String bookContent;//内容提要
    //Constructors
    public Books(){}
    //Property accessors

    public String getBookId() {
    return bookId;
    }
    public void setBookId(String bookId) {
    this.bookId = bookId;
    }
    public String getBookName() {
    return bookName;
    }
    public void setBookName(String bookName) {
    this.bookName = bookName;
    }
    public String getBookAuthor() {
    return bookAuthor;
    }
    public void setBookAuthor(String bookAuthor) {
    this.bookAuthor = bookAuthor;
    }
    public String getBookContent() {
    return bookContent;
    }
    public void setBookContent(String bookContent) {
    this.bookContent = bookContent;
    }
    public Date getBookDate() {
    return bookDate;
```

```
        }
        public void setBookDate(Date bookDate) {
        this.bookDate = bookDate;
        }
        public String getBookIsbn() {
        return bookIsbn;
        }
        public void setBookIsbn(String bookIsbn) {
        this.bookIsbn = bookIsbn;
        }
        public String getBookPage() {
        return bookPage;
        }
        public void setBookPage(String bookPage) {
        this.bookPage = bookPage;
        }
        public String getBookPrice() {
        return bookPrice;
        }
        public void setBookPrice(String bookPrice) {
        this.bookPrice = bookPrice;
        }
        public String getBookPublish() {
        return bookPublish;
        }
        public void setBookPublish(String bookPublish) {
        this.bookPublish = bookPublish;
        }
}
```

2. 完成 books.hbm.xml 映射文件

```
<?xml version="1.0"?>
<!DOCTYPE hibernate-mapping PUBLIC "-//Hibernate/Hibernate Mapping DTD 3.0//EN"
"http://hibernate.sourceforge.net/hibernate-mapping-3.0.dtd">
<hibernate-mapping>
    <class name="com.sterning.books.model.Books" table="books" >
        <id name="bookId" type="string">
            <column name="book_id" length="5" />
            <generator class="assigned" />
        </id>
        <property name="bookName" type="string">
            <column name="book_name" length="100" />
        </property>
        <property name="bookAuthor" type="string">
            <column name="book_author" length="100" />
        </property>
```

```
    <property name="bookPublish" type="string">
        <column name="book_publish" length="100" />
    </property>
    <property name="bookDate" type="java.sql.Timestamp">
        <column name="book_date" length="7" />
    </property>
    <property name="bookIsbn" type="string">
        <column name="book_isbn" length="20" />
    </property>
    <property name="bookPage" type="string">
        <column name="book_page" length="11" />
    </property>
    <property name="bookPrice" type="string">
        <column name="book_price" length="4" />
    </property>
    <property name="bookContent" type="string">
        <column name="book_content" length="100" />
    </property>
  </class>
</hibernate-mapping>
```

3. Hibernate.cfg.xml 配置文件

注意：它的位置在 scr/hibernate.cfg.xml。

```
<?xml version="1.0" encoding="ISO-8859-1"?>
<!DOCTYPE hibernate-configuration PUBLIC
"-//Hibernate/Hibernate Configuration DTD 3.0//EN"
"http://hibernate.sourceforge.net/hibernate-configuration-3.0.dtd">
<hibernate-configuration>
<session-factory>
    <property name="show_sql">true</property>
    <mapping resource="com/sterning/books/model/books.hbm.xml"></mapping>
</session-factory>
</hibernate-configuration>
```

8.4.4　建立 DAO 层

1. 建立 DAO 的接口类 BooksDao

```
package com.sterning.books.dao.iface;
import java.util.List;
import com.sterning.books.model.Books;
public interface BooksDao {
    List getAll();//获得所有记录
    List getBooks(int pageSize, int startRow);//获得所有记录
    int getRows();//获得总行数
    int getRows(String fieldname,String value);//获得总行数
    List queryBooks(String fieldname,String value);//根据条件查询
    List getBooks(String fieldname,String value,int pageSize, int startRow);//根据条件查询
    Books getBook(String bookId);//根据 ID 获得记录
```

```
        String getMaxID();//获得最大 ID 值
        void addBook(Books book);//添加记录
        void updateBook(Books book);//修改记录
        void deleteBook(Books book);//删除记录
}
```

2. 实现此接口的类文件 BooksMapDao

```
package com.sterning.books.dao.hibernate;
import java.sql.SQLException;
import java.util.Iterator;
import java.util.List;
import org.hibernate.HibernateException;
import org.hibernate.Query;
import org.hibernate.Session;
import org.springframework.orm.hibernate3.HibernateCallback;
import org.springframework.orm.hibernate3.support.HibernateDaoSupport;
import com.sterning.books.dao.iface.BooksDao;
import com.sterning.books.model.Books;
import com.sterning.commons.PublicUtil;
/**
* @author cwf
*
*/
public class BooksMapDao extends HibernateDaoSupport implements BooksDao {
    public BooksMapDao(){}
    /**
    * 函数说明：添加信息
    * 参数说明：对象
    * 返回值：
    */
    public void addBook(Books book) {
    this.getHibernateTemplate().save(book);
    }
    /**
    * 函数说明：删除信息
    * 参数说明：对象
    * 返回值：
    */
    public void deleteBook(Books book) {
    this.getHibernateTemplate().delete(book);
    }
    /**
    * 函数说明：获得所有的信息
    * 参数说明：
    * 返回值：信息的集合
    */
    public List getAll() {
    String sql="FROM Books ORDER BY bookName";
```

```
return this.getHibernateTemplate().find(sql);
}
/**
* 函数说明：获得总行数
* 参数说明：
* 返回值：总行数
*/
public int getRows() {
String sql="FROM Books ORDER BY bookName";
List list=this.getHibernateTemplate().find(sql);
return list.size();
}
/**
* 函数说明：获得所有的信息
* 参数说明：
* 返回值：信息的集合
*/
public List getBooks(int pageSize, int startRow) throws HibernateException {
final int pageSize1=pageSize;
final int startRow1=startRow;
return this.getHibernateTemplate().executeFind(new HibernateCallback(){
public List doInHibernate(Session session) throws HibernateException, SQLException {
// TODO 自动生成方法存根
Query query=session.createQuery("FROM Books ORDER BY bookName");
query.setFirstResult(startRow1);
query.setMaxResults(pageSize1);
return query.list();
}
});
}
/**
* 函数说明：获得一条的信息
* 参数说明：ID
* 返回值：对象
*/
public Books getBook(String bookId) {
return (Books)this.getHibernateTemplate().get(Books.class,bookId);
}
/**
* 函数说明：获得最大 ID
* 参数说明：
* 返回值：最大 ID
*/
public String getMaxID() {
String date=PublicUtil.getStrNowDate();
String sql="SELECT MAX(bookId)+1 FROM Books    ";
String noStr = null;
List ll = (List) this.getHibernateTemplate().find(sql);
```

```
Iterator itr = ll.iterator();
if (itr.hasNext()) {
Object noint = itr.next();
if(noint == null){
noStr = "1";
}else{
noStr = noint.toString();
}
}
if(noStr.length()==1){
noStr="000"+noStr;
}else if(noStr.length()==2){
noStr="00"+noStr;
}else if(noStr.length()==3){
noStr="0"+noStr;
}else{
noStr=noStr;
}
return noStr;
}
/**
* 函数说明：修改信息
* 参数说明：对象
* 返回值：
*/
public void updateBook(Books pd) {
this.getHibernateTemplate().update(pd);
}
/**
* 函数说明：查询信息
* 参数说明：集合
* 返回值：
*/
public List queryBooks(String fieldname,String value) {
System.out.println("value: "+value);
String sql="FROM Books where "+fieldname+" like '%"+value+"%'"+"ORDER BY bookName";
return this.getHibernateTemplate().find(sql);
}
/**
* 函数说明：获得总行数
* 参数说明：
* 返回值：总行数
*/
public int getRows(String fieldname,String value) {
String sql="";
if(fieldname==null||fieldname.equals("")||fieldname==null||fieldname.equals(""))
sql="FROM Books ORDER BY bookName";
else
```

```
sql="FROM Books where "+fieldname+" like '%"+value+"%'"+"ORDER BY bookName";
List list=this.getHibernateTemplate().find(sql);
return list.size();
}
/**
* 函数说明：查询信息
* 参数说明：　集合
* 返回值：
*/
public List getBooks(String fieldname,String value,int pageSize, int startRow) {
final int pageSize1=pageSize;
final int startRow1=startRow;
final String queryName=fieldname;
final String queryValue=value;
String sql="";
if(queryName==null||queryName.equals("")||queryValue==null||queryValue.equals(""))
sql="FROM Books ORDER BY bookName";
else
sql="FROM Books where "+fieldname+" like '%"+value+"%'"+"ORDER BY bookName";
final String sql1=sql;
return this.getHibernateTemplate().executeFind(new HibernateCallback(){
public List doInHibernate(Session session) throws HibernateException, SQLException {
// TODO 自动生成方法存根
Query query=session.createQuery(sql1);
query.setFirstResult(startRow1);
query.setMaxResults(pageSize1);
return query.list();
}
});
}
}
```

8.4.5　业务逻辑层

在业务逻辑层需要认真思考每个业务逻辑所能用到的持久层对象和 DAO。DAO 层之上是业务逻辑层，DAO 类可以有很多个，但业务逻辑类应该只有一个，可以在业务逻辑类中调用各个 DAO 类进行操作。

1. 创建服务接口类 IBookService

```
package com.sterning.books.services.iface;
import java.util.List;
import com.sterning.books.model.Books;

public interface IBooksService ...{
    List getAll();//获得所有记录
    List getBooks(int pageSize, int startRow);//获得所有记录
    int getRows();//获得总行数
    int getRows(String fieldname,String value);//获得总行数
    List queryBooks(String fieldname,String value);//根据条件查询
```

```
    List getBooks(String fieldname,String value,int pageSize, int startRow);//根据条件查询
    Books getBook(String bookId);//根据 ID 获得记录
    String getMaxID();//获得最大 ID 值
    void addBook(Books pd);//添加记录
    void updateBook(Books pd);//修改记录
    void deleteBook(String bookId);//删除记录
}
```

2. 实现接口类 BookService

```
package com.sterning.books.services;
import java.util.List;
import com.sterning.books.dao.iface.BooksDao;
import com.sterning.books.model.Books;
import com.sterning.books.services.iface.IBooksService;
public class BooksService implements IBooksService{
    private BooksDao booksDao;
    public BooksService(){}
    /**
    * 函数说明：添加信息
    * 参数说明：对象
    * 返回值：
    */
    public void addBook(Books book) {
    booksDao.addBook(book);
    }
    /**
    * 函数说明：删除信息
    * 参数说明：对象
    * 返回值：
    */
    public void deleteBook(String bookId) {
    Books book=booksDao.getBook(bookId);
    booksDao.deleteBook(book);
    }
    /**
    * 函数说明：获得所有的信息
    * 参数说明：
    * 返回值：信息的集合
    */
    public List getAll() {
    return booksDao.getAll();
    }
    /**
    * 函数说明：获得总行数
    * 参数说明：
    * 返回值：总行数
    */
    public int getRows() {
```

```
return booksDao.getRows();
}
/**
* 函数说明：获得所有的信息
* 参数说明：
* 返回值：信息的集合
*/
public List getBooks(int pageSize, int startRow) {
return booksDao.getBooks(pageSize, startRow);
}
/**
* 函数说明：获得一条的信息
* 参数说明：ID
* 返回值：对象
*/
public Books getBook(String bookId) {
return booksDao.getBook(bookId);
}
/**
* 函数说明：获得最大 ID
* 参数说明：
* 返回值：最大 ID
*/
public String getMaxID() {
return booksDao.getMaxID();
}
/**
* 函数说明：修改信息
* 参数说明：对象
* 返回值：
*/
public void updateBook(Books book) {
booksDao.updateBook(book);
}
/**
* 函数说明：查询信息
* 参数说明：集合
* 返回值：
*/
public List queryBooks(String fieldname,String value) {
return booksDao.queryBooks(fieldname, value);
}
/**
* 函数说明：获得总行数
* 参数说明：
* 返回值：总行数
*/
public int getRows(String fieldname,String value) {
```

```
        return booksDao.getRows(fieldname, value);
        }
        /**
        * 函数说明：查询信息
        * 参数说明：集合
        * 返回值：
        */
        public List getBooks(String fieldname,String value,int pageSize, int startRow) {
        return booksDao.getBooks(fieldname, value,pageSize,startRow);
        }
        public BooksDao getBooksDao() {
        return booksDao;
        }
        public void setBooksDao(BooksDao booksDao) {
        this.booksDao = booksDao;
        }
}
```

8.4.6 创建 Action 类 BookAction

1. 建立 BookAction 类

```
package com.sterning.books.web.actions;
import java.util.Collection;
import com.sterning.books.model.Books;
import com.sterning.books.services.iface.IBooksService;
import com.sterning.commons.AbstractAction;
import com.sterning.commons.Pager;
import com.sterning.commons.PagerService;

public class BooksAction extends AbstractAction {
    private IBooksService booksService;
    private PagerService pagerService;
    private Books book;
    private Pager pager;
    protected Collection availableItems;
    protected String currentPage;
    protected String pagerMethod;
    protected String totalRows;
    protected String bookId;
    protected String queryName;
    protected String queryValue;
    protected String searchName;
    protected String searchValue;
    protected String queryMap;

    public String list() throws Exception {
        if(queryMap ==null||queryMap.equals("")){
```

```
    }else{
        String[] str=queryMap.split("~");
        this.setQueryName(str[0]);
        this.setQueryValue(str[1]);
    }

    System.out.println("asd"+this.getQueryValue());
    int totalRow=booksService.getRows(this.getQueryName(),this.getQueryValue());
    pager=pagerService.getPager(this.getCurrentPage(), this.getPagerMethod(), totalRow);
    this.setCurrentPage(String.valueOf(pager.getCurrentPage()));
    this.setTotalRows(String.valueOf(totalRow));
    availableItems=booksService.getBooks(this.getQueryName(),this.getQueryValue(),
    pager.getPageSize(), pager.getStartRow());

    this.setQueryName(this.getQueryName());
    this.setQueryValue(this.getQueryValue());

    this.setSearchName(this.getQueryName());
    this.setSearchValue(this.getQueryValue());

    return SUCCESS;
}

public String load() throws Exception {
    if(bookId!=null)
        book = booksService.getBook(bookId);
    else
        bookId=booksService.getMaxID();
    return SUCCESS;
}

public String save() throws Exception {
    if(this.getBook().getBookPrice().equals("")){
        this.getBook().setBookPrice("0.0");
    }

    String id=this.getBook().getBookId();
    Books book=booksService.getBook(id);


    if(book == null)
        booksService.addBook(this.getBook());
    else
        booksService.updateBook(this.getBook());

    this.setQueryName(this.getQueryName());
    this.setQueryValue(this.getQueryValue());
```

```
        if(this.getQueryName()==null||this.getQueryValue()==null||this.getQueryName().equals("")||
        this.getQueryValue().equals("")){

        }else{
            queryMap=this.getQueryName()+"~"+this.getQueryValue();
        }

        return SUCCESS;
    }

    public String delete() throws Exception {
        booksService.deleteBook(this.getBookId());

        if(this.getQueryName()==null||this.getQueryValue()==null||this.getQueryName().equals("")||
        this.getQueryValue().equals("")){

        }else{
            queryMap=this.getQueryName()+"~"+this.getQueryValue();
        }
        return SUCCESS;
    }

    public Books getBook() {
        return book;
    }

    public void setBook(Books book) {
        this.book = book;
    }

    public IBooksService getBooksService() {
        return booksService;
    }

    public void setBooksService(IBooksService booksService) {
        this.booksService = booksService;
    }

    public Collection getAvailableItems() {
        return availableItems;
    }

    public String getCurrentPage() {
        return currentPage;
    }

    public void setCurrentPage(String currentPage) {
        this.currentPage = currentPage;
    }
```

```
public String getPagerMethod() {
    return pagerMethod;
}

public void setPagerMethod(String pagerMethod) {
    this.pagerMethod = pagerMethod;
}

public Pager getPager() {
    return pager;
}

public void setPager(Pager pager) {
    this.pager = pager;
}

public String getTotalRows() {
    return totalRows;
}

public void setTotalRows(String totalRows) {
    this.totalRows = totalRows;
}

public String getBookId() {
    return bookId;
}

public void setBookId(String bookId) {
    this.bookId = bookId;
}

public String getQueryName() {
    return queryName;
}

public void setQueryName(String queryName) {
    this.queryName = queryName;
}

public String getQueryValue() {
    return queryValue;
}

public void setQueryValue(String queryValue) {
    this.queryValue = queryValue;
}
```

```
        public String getSearchName() {
            return searchName;
        }

        public void setSearchName(String searchName) {
            this.searchName = searchName;
        }

        public String getSearchValue() {
            return searchValue;
        }

        public void setSearchValue(String searchValue) {
            this.searchValue = searchValue;
        }

        public String getQueryMap() {
            return queryMap;
        }

        public void setQueryMap(String queryMap) {
            this.queryMap = queryMap;
        }

        public PagerService getPagerService() {
            return pagerService;
        }


        public void setPagerService(PagerService pagerService) {
            this.pagerService = pagerService;
        }
    }
```

默认情况下，当请求 bookAction.action 发生时（这个会在后面的 Spring 配置文件中见到），Struts 运行时（Runtime）根据 struts.xml 里的 Action 映射集（Mapping），实例化 com.sterning.books.web.actions.BookAction 类，并调用其 execute 方法。

在 classes/sturts.xml 中新建 Action，并指明其调用的方法。

访问 Action 时，在 Action 名后加上“!xxx”（xxx 为方法名）。

2. 对 BookAction 类的 Save 方法

表单是应用程序最简单的入口，对其传进来的数据，我们必须进行校验。Struts2 的校验框架十分简单方便，只需如下两步：

①在 xxx-validation.xml 文件中的<message>元素中加入 key 属性。

②在相应的 JSP 文件中的<s:form>标志中加入 validate="true"属性，就可以用 JavaScript 在客户端校验数据。

其验证文件为：BooksAction-save-validation.xml。

```
<?xml version="1.0" encoding="UTF-8"?>
<!DOCTYPE validators PUBLIC "-//OpenSymphony Group//XWork Validator 1.0//EN"
"http://www.opensymphony.com/xwork/xwork-validator-1.0.dtd">
<validators>
    <!-- Field-Validator Syntax -->
    <field name="book.bookName">
        <field-validator type="requiredstring">
            <message key="book.bookName.required"/>
        </field-validator>
    </field>
    <field name="book.bookAuthor">
        <field-validator type="requiredstring">
            <message key="book.bookAuthor.required"/>
        </field-validator>
    </field>
    <field name="book.bookPublish">
        <field-validator type="requiredstring">
            <message key="book.bookPublish.required"/>
        </field-validator>
    </field>
</validators>
```

对 BookAction 类的 Save 方法进行验证的资源文件：注意配置文件的名字应该是"配置文件（类名-validation.xml）"的格式。BooksAction 类的验证资源文件为：BooksAction.properties。

```
book=Books
book.bookName.required=\u8bf7\u8f93\u5165\u4e66\u540d
book.bookAuthor.required=\u8bf7\u8f93\u5165\u4f5c\u8005
book.bookPublish.required=\u8bf7\u8f93\u5165\u51fa\u7248\u793e
format.date={0,date,yyyy-MM-dd}

com.sterning.books.web.actions.BooksAction.properties
```

资源文件的查找顺序是有一定规则的。之所以说 Struts 2.x 的国际化更灵活是因为它可以根据不同需要配置和获取资源（properties）文件。在 Struts 2.x 中有下面几种方法：

（1）使用全局的资源文件。适用于遍布整个应用程序的国际化字符串，它们在不同的包（package）中被引用，如一些比较公用的出错提示。

（2）使用包范围内的资源文件。做法是在包的根目录下新建名为 package.properties 和 package_xx_XX.properties 的文件。适用于在包中不同类访问的资源。

（3）使用 Action 范围的资源文件。做法为在 Action 的包下新建文件名（除文件扩展名外）与 Action 类名同样的资源文件。它只能在该 Action 中访问。如此一来，我们就可以在不同的 Action 里使用相同的 properties 名表示不同的值。例如，在 ActionOne 中 title 为"动作一"，而同样用 title 在 ActionTwo 中表示"动作二"，节省一些命名时间。

（4）使用<s:i18n>标志访问特定路径的 properties 文件。在使用这一方法时，请注意<s:i18n>标志的范围。在<s:i18n name="xxxxx">到</s:i18n>之间，所有的国际化字符串都会在名为 xxxxx 的资源文件查找，如果找不到，Struts 2.0 就会输出默认值（国际化字符串的名字）。

8.4.7 Web 页面设计

完成交互界面的设计，实现用户请求的输入和结果的显示；以主页面、列表页面为例，关键代码如下：

1. 主页面：index.jsp

```
<%@page pageEncoding="UTF-8" contentType="text/html; charset=UTF-8" %>
<html>
<head>
<meta http-equiv="Content-Type" content="text/html; charset=GBK"/>
<title>图书管理系统</title>
</head>
<body>
<p><a href="<s:url action="list" />">进入图书管理系统</a></p>
</body>
</html>
```

2. 增加/修改页面：editBook.jsp

```
<%@page pageEncoding="UTF-8" contentType="text/html; charset=UTF-8" %>
<html>
<head>
    <title>编辑图书</title>
    <s:head/>
</head>
<body>
    <h2>
        <s:if test="null == book">
            增加图书
        </s:if>
        <s:else>
            编辑图书
        </s:else>
    </h2>
    <s:form name="editForm" action="save" validate="true">
            <s:textfield label="书名" name="book.bookName"/>
        <s:textfield label="作者" name="book.bookAuthor"/>
        <s:textfield label="出版社" name="book.bookPublish"/>
        <s:datetimepicker label="出版日期" name="book.bookDate"></s:datetimepicker>
        <s:textfield label="ISBN" name="book.bookIsbn"/>
        <s:textfield label="页数" name="book.bookPage"/>
        <s:textfield label="价格(元)" name="book.bookPrice"/>
        <s:textfield label="内容摘要" name="book.bookContent"/>
        <s:if test="null == book">
            <s:hidden name="book.bookId" value="%{bookId}"/>
        </s:if>
        <s:else>
            <s:hidden name="book.bookId" />
        </s:else>
```

```
            <s:hidden name="queryName" />
            <s:hidden name="queryValue" />
            <s:submit value="%{getText('保存')}" />
        </s:form>
<p><a href="<s:url action="list"/>">返回</a></p>
</body>
</html>
```

8.5　本章小结与项目安排

SSH 框架开发 Web 项目是当前主流的选择。本章介绍了 SSH 技术，并通过图书管理的实例，详细介绍了其应用开发的一般模式。其代码可作为代码库使用。实例过程完全可以作为一个实训项目，对比第 7 章 JSP+Servlet+JavaBean 开发 Web 项目过程，自行进行更加深入的探讨和理解。

第 9 章　科研文档管理系统（C 级）

项目目标：

掌握基于 Eclipse 平台的 Web 程序开发方法，掌握基于 MyEclipse 平台开发 Struts 架构的 Web 程序方法；掌握 Servlet 技术、JSP 技术的应用编程。

9.1　项目概述

文件管理是科研管理的核心，包括文件上传、下载或者删除，以及查询所有的文件，显示所有的文件列表等多项信息管理职能，其功能结构如图 9-1 所示。

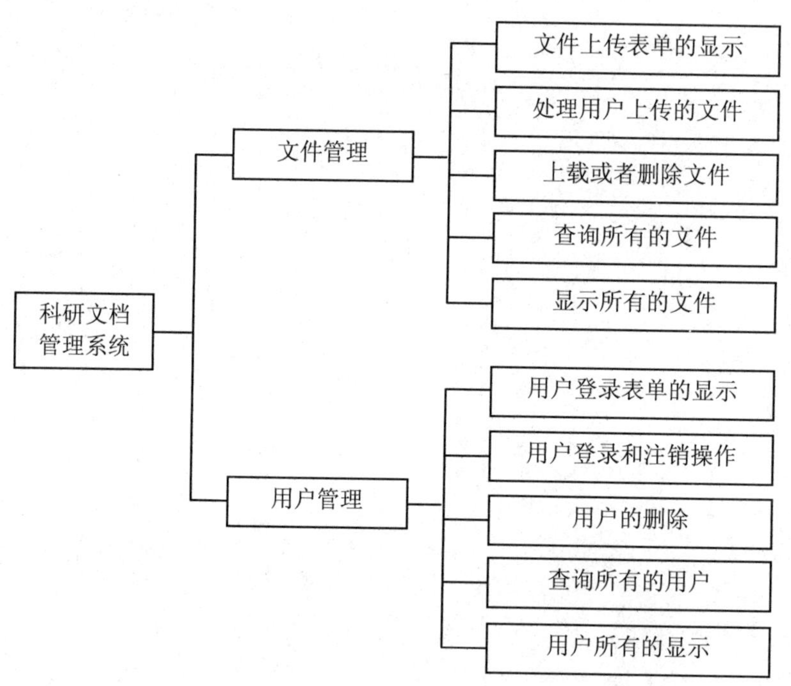

图 9-1　科研文件管理系统功能结构图

在此基础上，读者可自行完成一个科研管理系统，包括人员档案、机构设置、项目申报、科研评估、成果管理、基金管理、科技统计、成果管理、专利管理、经费管理、报表管理等多项信息管理职能，其功能结构图如图 9-2 所示。

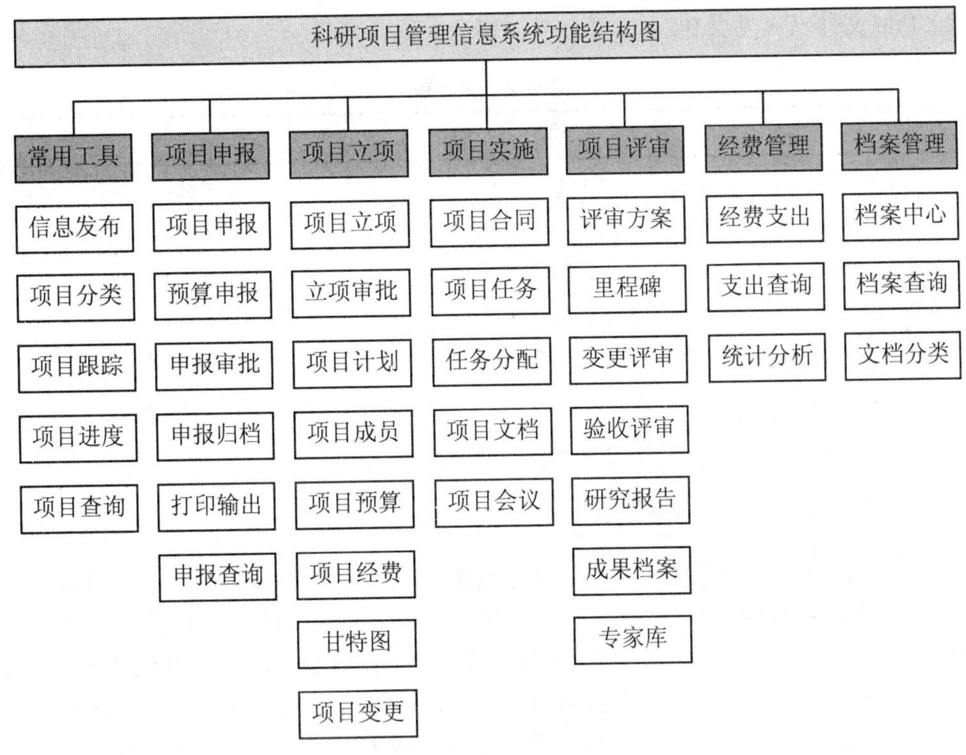

图 9-2　科研管理系统功能结构图

9.2　数据库设计

科研文件管理系统主要涉及用户实体和文件实体两类，其中，用户实体需要记录用户的 ID、姓名、电子邮件、口令和创建时间。文件实体需要记录文件的 ID、文件的名称、在服务器磁盘上存储的路径、文件的上传时间和文件的所有者，以及文件的标题和类型。本系统实现了 User 和 File 数据表分别用于用户管理和文件管理。

9.2.1　数据表设计

（1）User 用户表（见表 9-1）。

表 9-1　用户表

序号	字段	类型	含义
1	UserID	Varchar(50),not null	主键，用户唯一标识
2	UserName	Varchar(10),not null	姓名
3	UserMail	Varchar(50),not null	电子邮件
4	UserPassword	Varchar(50),not null	口令
5	UserType	Int,default 0	用户类型
6	UserCreated	Datetime default getdate()	创建时间

（2）File 文件表（见表 9-2）。

表 9-2 文件表

序号	字段	类型	含义
1	FileID	Int 自增	主键，文件唯一标识
2	FileName	Varchar(255),not null	文件原始名称
3	FilePath	Varchar(255),not null	文件的存放路径
4	FileType	Varchar(10)	文件类型，保留
5	FileOwner	Varchar(50)	外键，文件的所有者
6	FileSubject	Varchar(100),not null	文件的标题
7	FileCreated	Datetime default getdate()	创建时间

9.2.2 DBPool 数据库连接池配置

一般说来，在进行数据库操作时首先要连接数据库，每一次操作数据库时都要做许多重复的工作，比如装载驱动程序、创建连接、执行特定功能 SQL 语句等，既费时又费力，也不便于程序修改和维护。基于数据库连接池机制，当有 SQL 请求来时，直接使用已经创建好的连接对数据库进行访问，省略了创建连接和销毁连接的过程。同时，在今后移植或者修改程序时只需要修改几个参数，既能提高效率，也提高了程序的稳定性。更为具体的数据库连接池的作用、工作方法等请自行查阅相关资料。

本系统使用 DBPool 类封装数据库连接池进行数据库连接的统一管理，优化程序结构，提高访问效率。DBPool 是基于 Java 的开源数据库连接池，它除了支持连接池应有的功能之外，还包括一个对象池，使得能够开发一个满足自已需求的数据库连接池。

本文中，首先创建 DBPoolResources.properties 并配置数据库连接参数：

```
db.conn= jdbc:oracle:thin:@localhost:1521:XE;
DatabaseName= shiy
db.driver = oracle.jdbc.driver.OracleDriver
db.user=shiy
db.password = ****** （根据自己的程序如实设定）
```

9.2.3 Tomcat 数据库连接池设置

首先需要在 Servlet.xml 中配置数据源，在配置文件中找到定义 Web 程序的节点。

然后在%TOMCAT_HOME%/conf/Catalina/localhost 下新建一个与 Web 文件夹同名的 xml 文件，本系统的文件名是 FileManager.xml。

最后在 Web 程序的 web.xml 中的</web-app>前面加入如下内容：

```
<resource-ref>
<description>DB Connection</description>
<res-ref-name>jdbc/filedb</ res-ref-name>
<res-type>javax.sql.DataSource</res-type>
<res-auth>Container</res-auth>
</resource-ref>
```

配置好之后就可以在 DBPool 类中使用服务器配置的连接池。

（1）设置 Oracle 数据源

在 Tomcat 安装目录的\conf\Catalina\localhost 文件夹里建一个名为 oracle.xml 的文件，代码如下：

```
<?xml version='1.0' encoding='utf-8'?>
<Context docBase="D:/oatomcat/webapps/filemanager" path="/" reloadable="true">
 <Resource name="jdbc/filedb"
 auth="Container"
 type="javax.sql.DataSource"/>
   <ResourceParams name="jdbc/filedb">
 <parameter>
 <name>factory</name>
 <value>org.apache.commons.dbcp.BasicDataSourceFactory</value>
 </parameter>
  <!-- Maximum number of dB connections in pool. Make sure you
 configure your mysqld max_connections large enough to handle
 all of your db connections. Set to 0 for no limit.
 -->
 <parameter>
 <name>maxActive</name>
 <value>100</value>
 </parameter>

 <!-- Maximum number of idle dB connections to retain in pool.
 Set to 0 for no limit.
 -->
 <parameter>
 <name>maxIdle</name>
 <value>30</value>
 </parameter>
  <!-- Maximum time to wait for a dB connection to become available
 in ms, in this example 10 seconds. An Exception is thrown if
 this timeout is exceeded. Set to -1 to wait indefinitely.
 -->
 <parameter>
 <name>maxWait</name>
 <value>10000</value>
 </parameter>
  <!-- MySQL dB username and password for dB connections -->
 <parameter>
 <name>username</name>
 <value>xj</value>
 </parameter>
 <parameter>
 <name>password</name>
 <value>*******</value>
 </parameter>
  <!-- Class name for mm.mysql JDBC driver -->
 <parameter>
```

```
<name>driverClassName</name>
<value>oracle.jdbc.driver.OracleDriver</value>
</parameter>
  <!-- The JDBC connection url for connecting to your MySQL dB.
The autoReconnect=true argument to the url makes sure that the
mm.mysql JDBC Driver will automatically reconnect if mysqld closed the
connection. mysqld by default closes idle connections after 8 hours.
-->
<parameter>
<name>url</name>
<value>jdbc:oracle:thin:@127.0.0.1:1521:XE</value>
 <!--must use &amp; not use  & -->
</parameter>
</ResourceParams>
</Context>
```

其中，

path：设置为“/”，则在浏览器里应该是 http://localhost:8080/oa/样式。

docBase：就是你的 WebApps 名字。

debug：设置 bug 的级别为最高级别 0。

reloadable：如果设置为 true1，那么修改了 server.xml 配置、web.xml 配置或者.class 以后不用重启 Tomcat 它会自动装载。

Resource name：就是数据库连接池的名字，用于在程序之中调用名称。

driverClassName：Oracle 驱动程序名 oracle.jdbc.driver.OracleDriver。

url：jdbc:oracle:thin:@127.0.0.1:1521:XE（Oracle 数据库连接字符串）。

（2）修改 web.xml 文件

在 WEB-INF 里的 web.xml：

```
<?xml version="1.0" encoding="ISO-8859-1"?>
<!DOCTYPE web-app PUBLIC
"-//Sun Microsystems, Inc.//DTD Web Application 2.3//EN"
"http://java.sun.com/dtd/web-app_2_3.dtd">
<web-app>
<description>oracleDB</description>
<resource-ref>
<description>DB Connection</description>
<res-ref-name>jdbc/orcldb</res-ref-name>
<res-type>javax.sql.DataSource</res-type>
<res-auth>Container</res-auth>
</resource-rcf>
</web-app>
```

（3）程序中调用连接池

关键代码如下：

```
public class DBPool {
    private static DBPool pool = null;
```

```
static Context initContext = null;
static DataSource ds = null;
protected static Log log = LogFactory.getLog(DBPool.class);
public static ResourceBundle apps = ResourceBundle
            .getBundle("edu.cqu.common.DBPoolResources");
static String driver = null;
static String user = null;
static String password = null;
static String connstr = null;
static {
    try {
        // 从服务器上获得数据库连接池
        initContext = new InitialContext();
        Context envContext = (Context) initContext.lookup("java:/comp/env");
        ds = (DataSource) envContext.lookup("jdbc/filedb");
        log.info("dbpool success");
    } catch (Exception e) {
        try {
            // 创建自己的数据库连接池
            driver = apps.getString("db.driver");
            Class.forName(driver);
            log.info("user's connection success");
        } catch (Exception e1) {
            e1.printStackTrace();
        }
    }
}
public DBPool() {
    driver = apps.getString("db.driver");
    connstr = apps.getString("db.connstr");
    user = apps.getString("db.user");
    password = apps.getString("db.password");
}
public Connection getLocalConnection() throws SQLException,
            ClassNotFoundException {
    Connection conn = DriverManager.getConnection(connstr, user, password);
    return conn;
}
public Connection getConnection() throws SQLException,
            ClassNotFoundException {
    Connection conn = null;
    try {
        conn = ds.getConnection();
        log.info("create a pool's connection... ");
```

```
            } catch (Exception e) {
                e.printStackTrace();
            }
            if (conn == null) {
                conn = this.getLocalConnection();
                log.info("create a user's connection... ");
            }
            return conn;
        }
        public static DBPool getInstance() {
            if (pool == null)
                return new DBPool();
            else
                return pool;
        }
    }
```

9.3 实现步骤

9.3.1 新建 Tomcat 工程文件

双击打开 Eclipse 平台，依次选择菜单 File→New→Projects，在打开的 New Project 对话框中选择 Java→Tomcat Project，依据向导，新建过程如图 9-3 和图 9-4 所示。

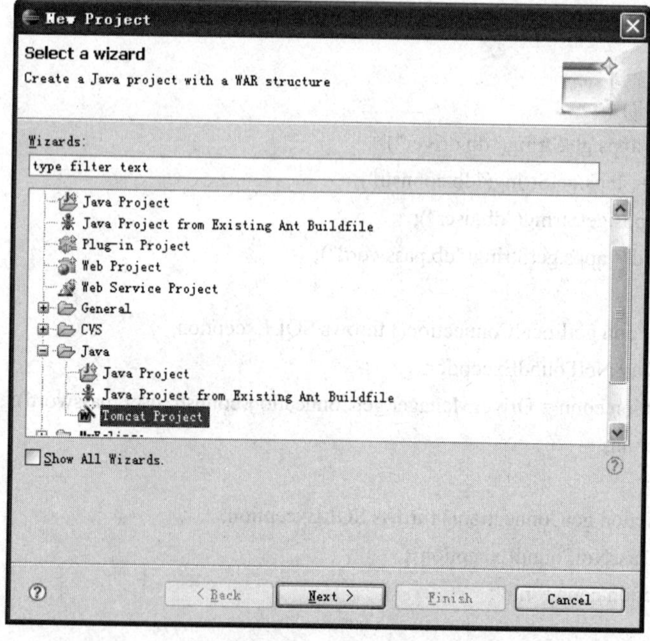

图 9-3 新建 Tomcat 工程步骤 1

创建完毕后的包结构和文件夹分别如图 9-5 和图 9-6 所示。

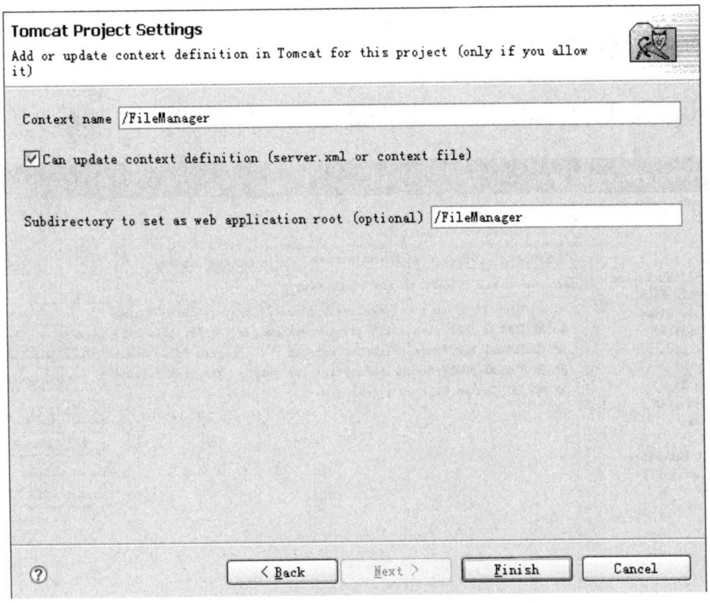

Tomcat Project Settings
Add or update context definition in Tomcat for this project (only if you allow it)
Context name /FileManager
Can update context definition (server.xml or context file)
Subdirectory to set as web application root (optional) /FileManager
< Back
Next >
Finish
Cancel

图 9-4　新建 Tomcat 工程步骤 2

Package Expl...
Hierarchy
ky-files
JRE System Library [jre6]
servlet-api.jar - TOMCAT_HOME\co
jasper-runtime.jar - TOMCAT_HOME
jsp-api.jar - TOMCAT_HOME\common
WEB-INF/src
work
WEB-INF

图 9-5　工程包视图

e-projects
文件(F) 编辑(E) 查看(V) 收藏(A) 工具(T) 帮助(H)
后退
搜索
文件夹
D:\e-projects
文件和文件夹任务
创建一个新文件夹
将这个文件夹发布到Web
共享此文件夹
其它位置
本地磁盘 (D:)
我的文档
Documents
我的电脑
网上邻居
详细信息
e-projects
文件夹
修改日期: 2010年5月4日, 11:50
.metadata
ky-files
2 个对象
0 字节
我的电脑

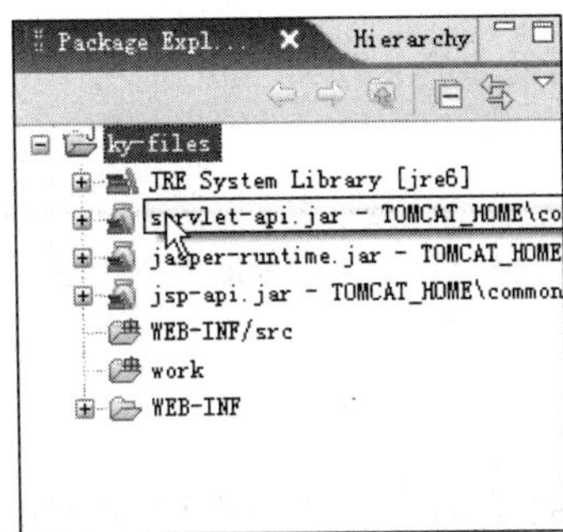

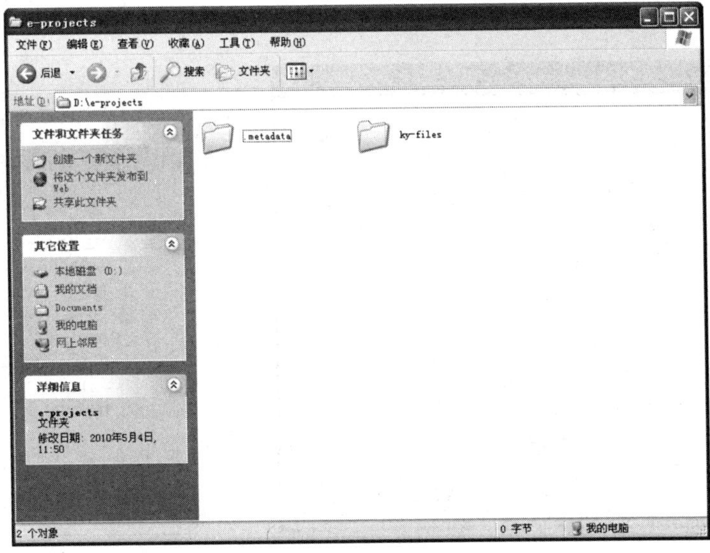

图 9-6　工程文件夹

9.3.2 导入数据库驱动

导入 Oracle10g XE 数据库驱动，单击 Add External Jars 按钮，如图 9-7 所示。

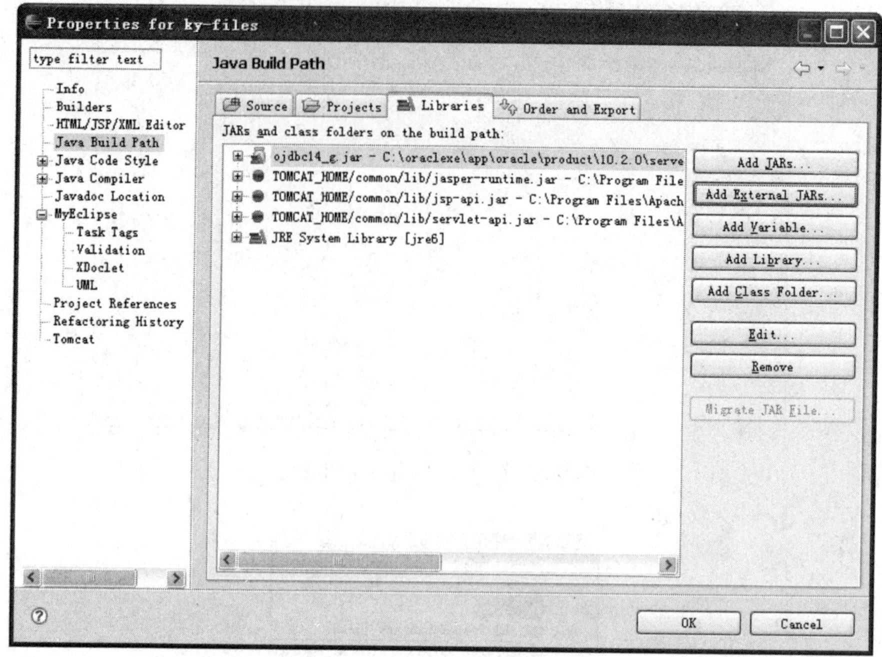

图 9-7 导入 Oracle 数据库驱动

9.3.3 创建包

选择菜单 Files→New→Package，在打开的 New Java Package 对话框中，新建包 ky.files.common 用于存放公共类，比如数据库访问等；新建包 ky.files.servlet 用于存放 servlet，其示例如图 9-8 所示。

建立包后，其 Eclipse 包结构如图 9-9 所示。

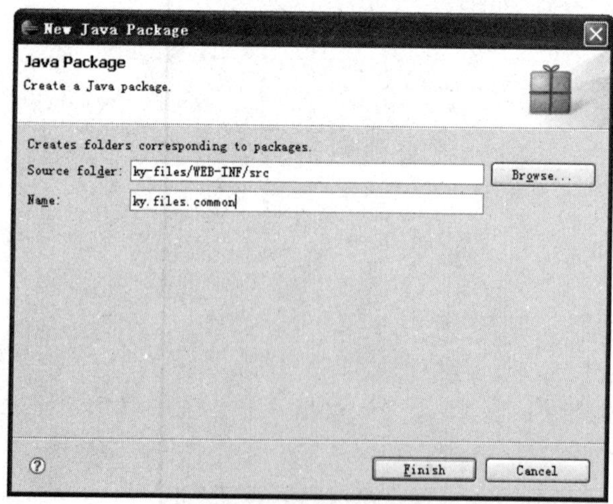

图 9-8 创建包文件

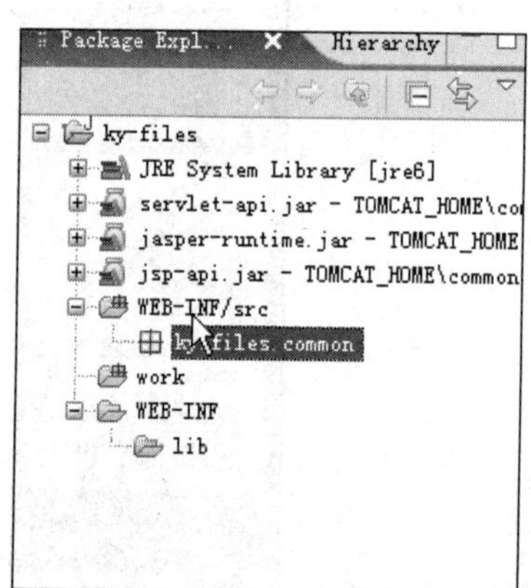

图 9-9 项目包视图

9.3.4　创建 JSP 页面

选择菜单 File→New→Others→MyEclipse→JSP，如图 9-10 至图 9-11 所示。

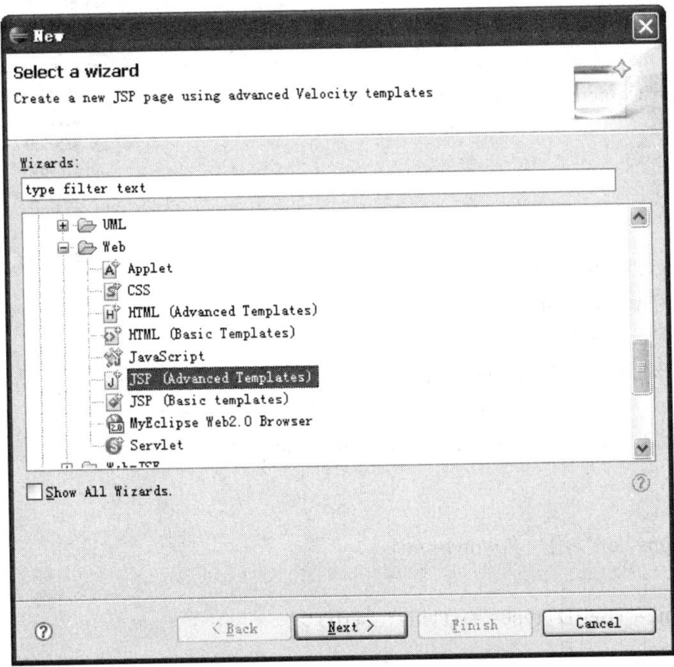

图 9-10　创建 JSP 页面步骤 1

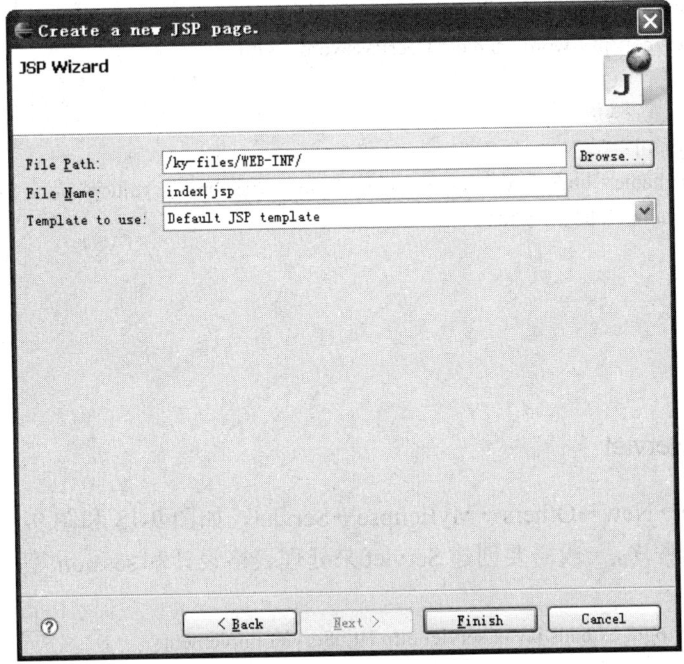

图 9-11　创建 JSP 页面步骤 2

创建完毕的包结构如图 9-12 所示。

需要创建欢迎页面、注册页面、登录页面、文件显示页面等，其中 login.jsp 示例代码如下：

```
<!DOCTYPE HTML PUBLIC "-//W3C//DTD HTML 4.01
Transitional//EN">
<html>
<head>
<meta http-equiv="Content-Type" content="text/html; charset=
UTF-8">
<title>登录</title>
</head>
<body>
<form action="login" method="post">
<%@include file="menubar.jsp" %>
<%@include file="msg.jsp" %>
<table width="60%" border="0" align="center">
  <tr>
    <td colspan="2"><div align="center">登录</div></td>
    </tr>
  <tr>
    <td><div align="left">用户名</div></td>
    <td><label>
      <input name="UserID" type="text" id="UserID">
    </label></td>
  </tr>
  <tr>
    <td><div align="left">口令</div></td>
    <td><input type="password" name="UserPassword"></td>
  </tr>
  <tr>
    <td> </td>
    <td><input name="btnSubmit" type="submit" id="btnSubmit" value="提交"> <input type="reset"
name="Submit" value="重置"></td>
  </tr>
</table>
</form>
</body>
</html>
```

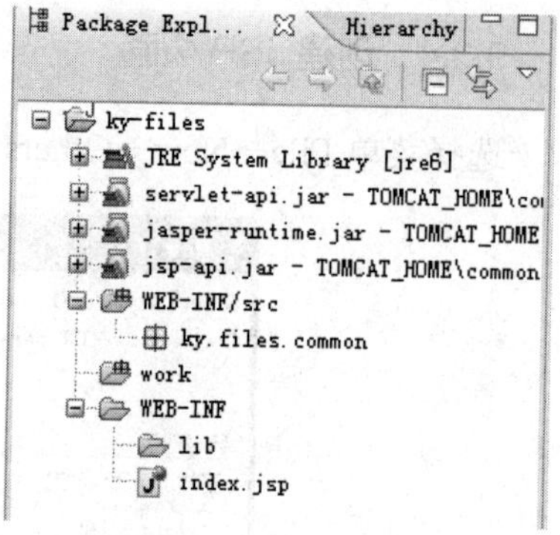

图 9-12 项目包视图

9.3.5 创建 Servlet

选择菜单 File→New→Others→MyEclipse→Servlet，如图 9-13 和图 9-14 所示。

响应 JSP 页面程序，一般需要创建 Servlet 来处理表格设计和 session 等，对应的 loginServlet 示例代码如下：

```
public class UserLogin extends javax.servlet.http.HttpServlet implements
        javax.servlet.Servlet {
    protected void doPost(HttpServletRequest request,
            HttpServletResponse response) throws ServletException, IOException {
```

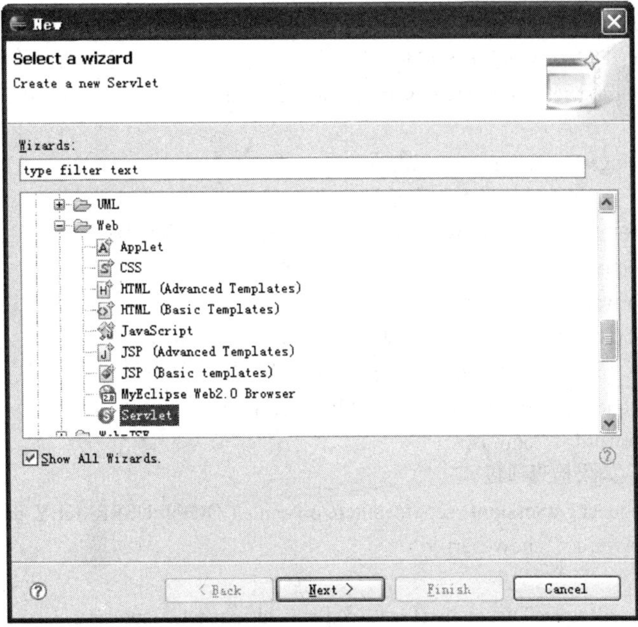

图 9-13　创建 Servlet 步骤 1

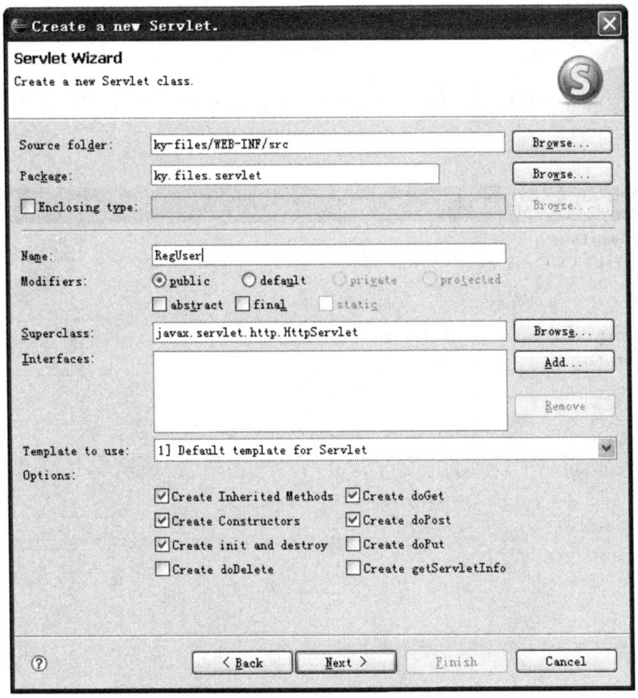

图 9-14　创建 Servlet 步骤 2

```
String userID = request.getParameter("UserID");
String password = request.getParameter("UserPassword");
FileManagerService srv = new FileManagerService();
String forward = "myfilelist.jsp";
User user = null;
try {// 调用服务层获取用户 ID 指定的用户对象
```

```
                user = srv.getUser(userID);
            } catch (FileManagerException e) {
                request.setAttribute(Constants.MSG_KEY, e);
            }
            FileManagerException ex = null;
            if (user == null) {//如果不存在该用户
                ex = new FileManagerException("不存在这样的用户");
                request.setAttribute(Constants.MSG_KEY, ex);
                forward = "login.jsp";
            } else if (!srv.checkUserPassword(user, password)) {//检查口令
                ex = new FileManagerException("口令错误");
                request.setAttribute(Constants.MSG_KEY, ex);
                forward = "login.jsp";
            } else {//如果检查通过
                request.getSession().setAttribute(Constants.LOGIN_USER_KEY, user);
                forward = "showuserfile";
            }
            request.getRequestDispatcher(forward).forward(request, response);
        }
    }
```

9.3.6 创建 Java 类

选择菜单 Files→New→Class，打开 New Java Class 对话框，如图 9-15 所示，创建公共的功能类。

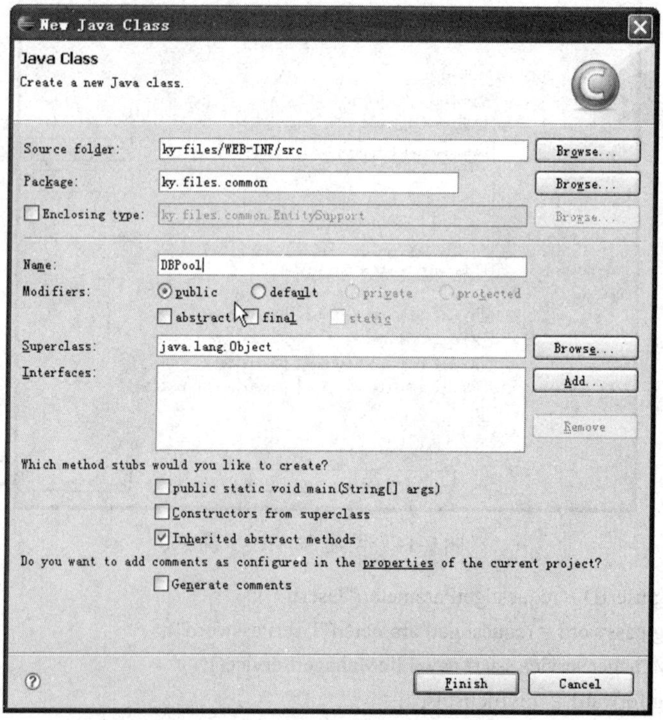

图 9-15 创建 Java 类

9.4　实现效果

运行项目，打开 IE，输入网址 http://127.0.0.1:8899/FileManager/index.jsp，进入系统主界面（8899 为设定的 Tomcat 端口，防止和 Oracle 冲突），如图 9-16 所示。

图 9-16　欢迎界面

9.4.1　用户管理

点击“注册用户”链接文字，进入注册新用户界面，输入相关注册信息，如图 9-17 所示。

注册新用户 - Microsoft Internet Explorer

http://127.0.0.1:8899/FileManager/reguser.jsp

科研管理系统

当前用户:登录　注册用户　我的文件　全部文件　全部用户

注册新用户

用户名(最长50英文字符)　xj

姓名（最长5个中文字符）　许静

电子邮件（最长50个英文字符）　xj@163.com

口令（最长50字符）　••

确认口令　••

提交　取消

图 9-17　用户注册

单击“提交”按钮，完成新用户的注册；读者可自行扩展完成判断注册名重复等功能。注册完毕，单击“登录”，进入用户登录界面，输入用户名和口令，完成用户登录。

单击“全部用户”链接文字进入用户管理界面，如图 9-18 所示。

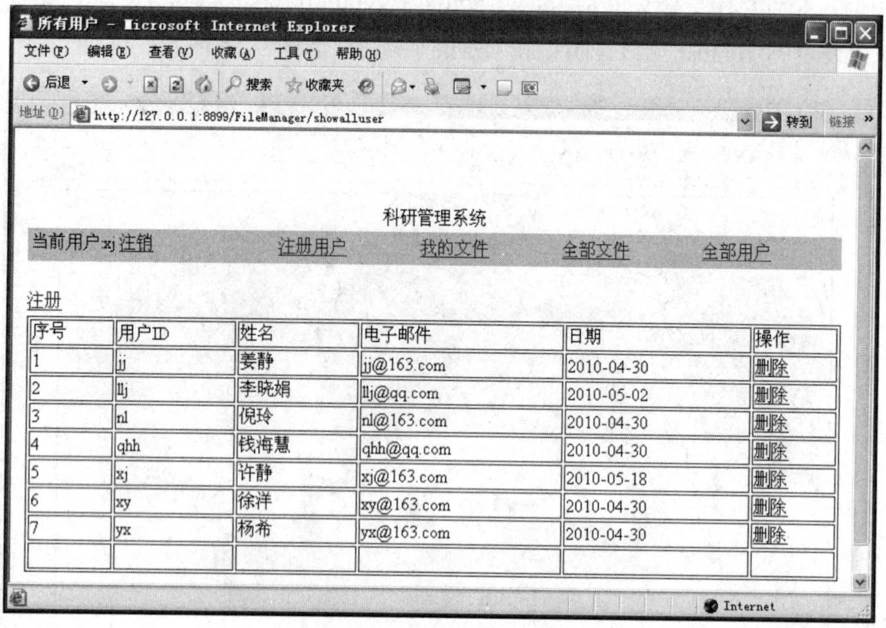

图 9-18 查看全部用户

9.4.2 文件管理

单击“我的文件”链接文字，可以看到自己的所有文件；点击“上传文件”后，输入文件标题并选择文件具体路径，即可开始上传文件，界面如图 9-19 所示。

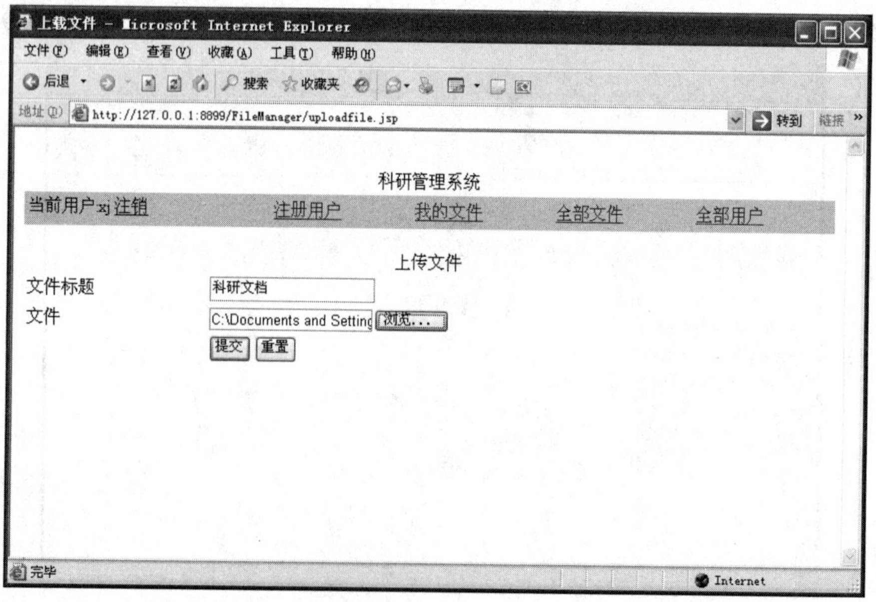

图 9-19 文件上传

单击“提交”按钮，完成文件的上传，之后便可以对此文件进行删除和下载等操作，其界面如图 9-20 所示。

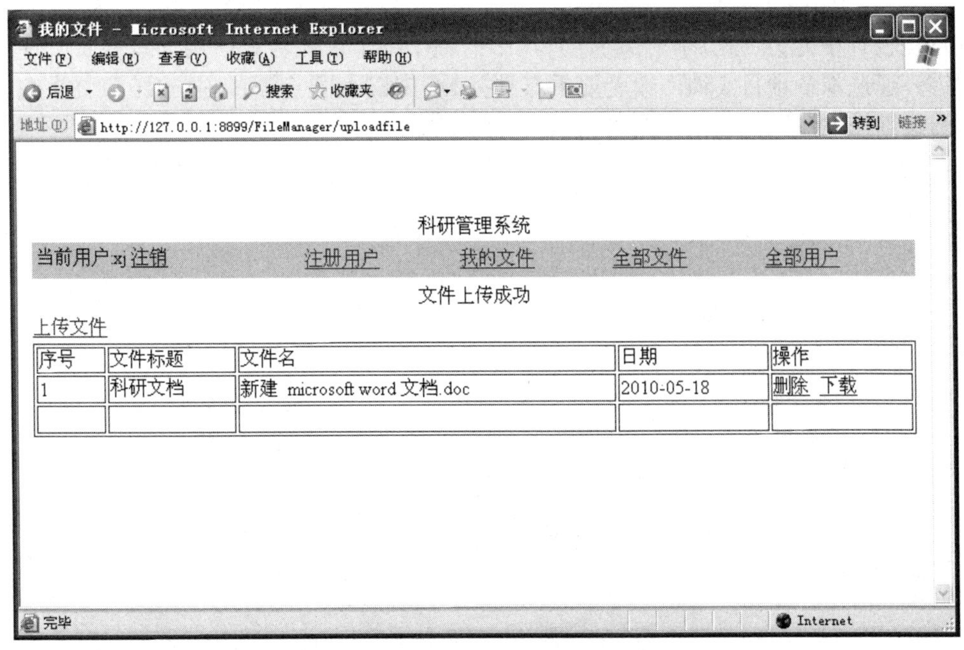

图 9-20　查看上传文件

单击“全部文件”链接文字可以进行文件管理，如图 9-21 所示。

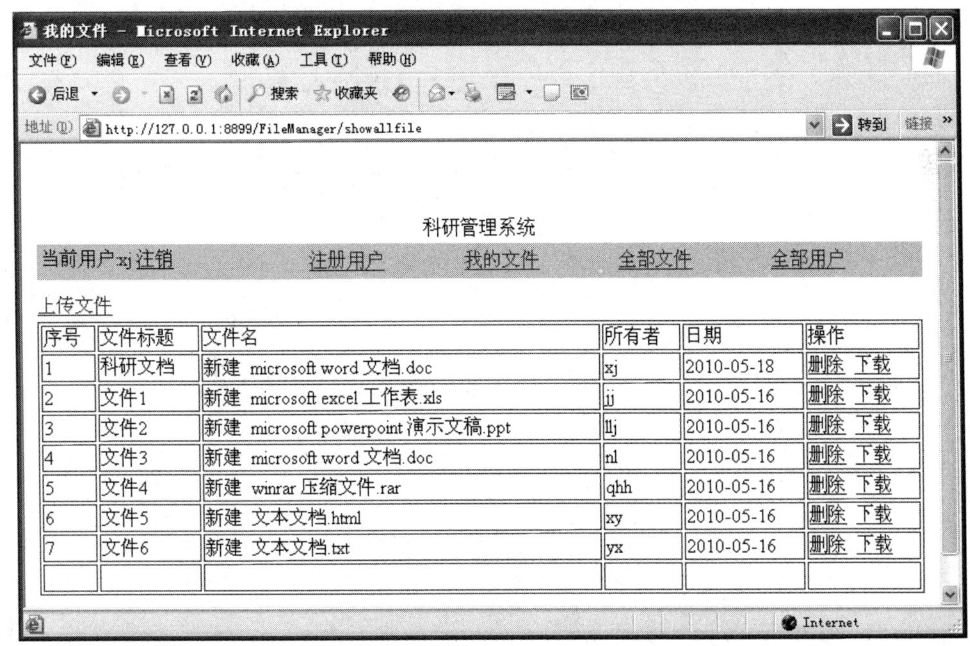

图 9-21　管理所有文件

最后，单击注销 xj 用户，即可回到登录界面。

9.5 本章小结

本章在设计中充分考虑到日常科研管理中的各个细节，能对科研用户、科研文件进行综合管理等。通过本章项目实训，读者要重点掌握 MyEclipse 平台下的 Servlet 和 JSP 编程；掌握并学会数据库连接池的使用，以提高 Web 的访问效率。

第 10 章　轻量级在线考试系统（B 级）

项目目标：

掌握基于 MyEclipse 的 Web 编程，理解并使用基于 Hibernate 的 ORM、数据持久化。进一步掌握基于 Struts 架构的 JSP、Servlet 编程技术。

Hibernate 是目前最为流行的 O/R mapping 框架，它在关系型数据库和 Java 对象之间做了一个自动映射，使得 Java 程序员可以随心所欲地使用对象编程思维来操纵数据库。Hibernate 可以应用在任何使用 JDBC 的场合，既可以在 Java 的客户端程序使用，也可以在 Servlet/JSP 的 Web 应用中使用。在 Hibernate 中，对象和关系数据库之间的映射是用一个 XML 文档来定义的。

10.1　项目概述

一般来说，一个在线考试系统的基本功能应具有以下几点要求：

（1）用户要经过有效的身份验证方可登录。

（2）使用系统的用户定位为三种：管理员、任课教师、学生，只有被授权的用户才能使用本系统的资源。

（3）用户身份不同，使用的系统资源也不同。管理员主要负责教师管理；任课教师主要负责题库管理、试卷管理、学生信息管理、学生成绩管理等；学生可以通过系统进行在线考试等。

（4）整个考试系统应能支持各种客观题目（主要有选择题和判断题）的考试，并能自动阅卷。

（5）充分发挥校园网的作用，学生能够通过校园网内任一台电脑进入系统进行在线考试。

（6）要保证数据的安全性，防止试卷失密，防止学生考试作弊，防止学生窜改成绩。

（7）具有有效的备份和恢复机制。

本章基于轻量级 SSH 框架开发一个在线考试系统，使得试卷题目的生成、试卷的提交、成绩的批阅等都基于网络自动完成，并提供成绩查询等功能，实现考试的自动化。其结构如图 10-1 所示。

（1）“管理员页面”模块，主要负责管理和维护教师信息，具有教师信息的增加、修改、删除功能。教师信息包括教师编号、用户名、用户密码等。除此之外，管理员在管理员模块中还可以修改个人信息。

（2）“教师页面”模块，负责的项目比较多，主要分为下面四个子模块：

①“学生信息管理”模块，主要完成学生信息的增加、删除、修改和查看学生成绩等，

学生信息主要包括学生编号、学生用户名、密码、年级等。教师用户可以在本模块中添加新生，也可以查看已经参加完考试的学生的成绩以及各客观题（单选、多选、判断）的得分情况。

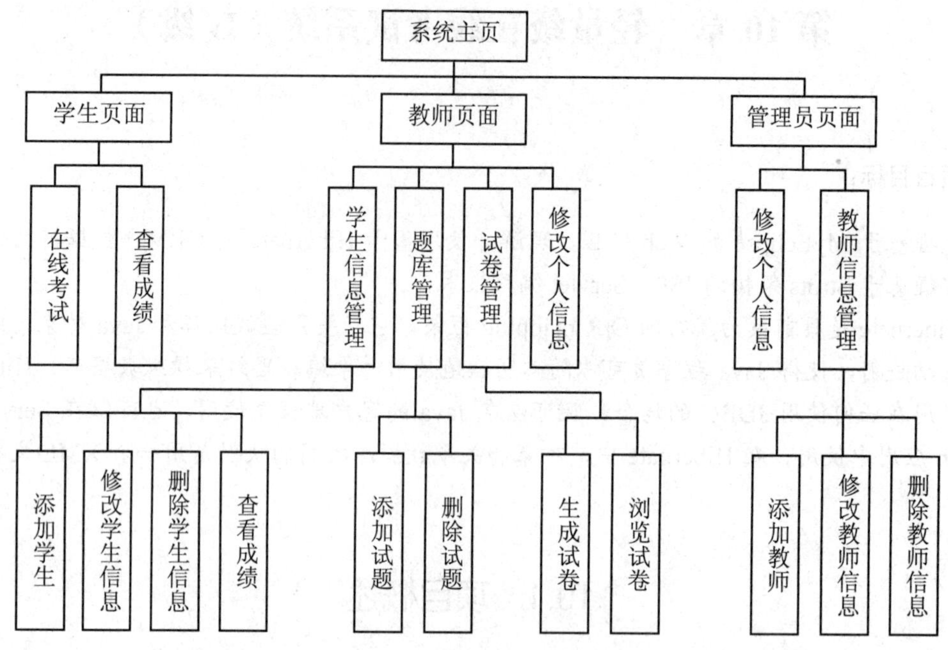

图 10-1　在线考试系统功能结构图

②“题库管理”模块，主要负责试题的查看、添加和删除。教师可以在本模块中添加不同学科的试题，包括单项选择、多项选择、判断等。

③“试卷管理”模块，主要负责试卷的生成、浏览等。本模块引用了“基于遗传算法的试卷生成系统”，其具体实现请参见项目代码。教师可以根据自己的需要生成试卷，生成试卷需要提供的要素主要有试卷科目、卷面总分、题型分布、难度设置、区分度设置等。教师可以通过数据库反馈的试卷编号和科目选择浏览不同的试卷。

④“修改个人信息”模块，教师可以在本模块中修改自己的信息。

（3）“学生页面”模块，主要负责学生登录成功后的在线考试，学生登录后根据系统数据库提供的试卷号和科目选择试卷参加考试，在学生参加考试的同时倒计时开始，因为试卷的题型全是客观题（单项选择、多项选择、判断），所以要求学生务必回答完每一个题目才可以交卷，交卷成功后系统会提供给学生刚刚完成的试卷的反馈信息，包括试卷的各个试题正确答案，学生的答案、得分情况等。同时学生的成绩被保存到数据库中。学生没有答完全部试题就交卷会出现交卷失败的情况，而且学生不能重复参加同一门课程的考试。

考虑到系统实训的完整性，示例中附带了一个数据库系统，含表 naruto 和 exam。其中 exam 存放的是试题信息和生成试卷后的试卷信息；naruto 存放的是学生信息，教师信息，管理员信息以及学生成绩信息。

项目设计基于 Struts 来实现表示层，Spring 负责中间的业务层，Hibernate 完成对象和关系的映射。详细地说，来自客户层的 Web 请求送到 Struts 框架中的控制器 ActionServlet 等候处理。ActionServlet 包括一组基于配置的 ActionMapping 对象，每个 ActionMapping 对象实现了一个请求到一个具体的 Model 部分中 Action 处理器对象之间的映射。ActionServlet 接收客户端的请求，并将请求交予 RequestProcessor 来处理。RequestProcessor 根据请求的 URL，从 ActionMapping 中得到相应的 Action，并根据请求的参数实例化相应的 ActionForm，进行 Form 验证。验证通过，则调用 Action 的 execute()方法。在方法体内，调用业务逻辑模块，由 Hibernate 在“幕后”完成与数据库的交互。业务逻辑类里 Hibernate 把 HQL 转换为 SQL，通过 O/R 映射文件实现对数据源的具体操作，即穿过访问层映射到具体的数据库表。Execute()方法执行后须返回 ActionForward。ActionServlet 接收 execute()方法返回的 ActionForward 对象，转发到 ActionForward 指定的源。

10.2　数据库设计

本项目设计的数据表如表 10-1 至表 10-6 所示。

表 10-1　学生信息表

字段名称	数据类型	可否为空	说明
stuid	Int(4)	主键	学生 ID（数据库自动生成）
name	Char(10)	NotNull	学生登录用户名
password	Varchar(10)	NotNull	学生登录密码
grade	Char(10)	NotNull	学生年级

表 10-2　教师信息表

字段名称	数据类型	可否为空	说明
teachid	Int(4)	主键	教师 ID（数据库自动生成）
name	Char(10)	NotNull	教师登录用户名
password	Varchar(20)	NotNull	教师登录密码

表 10-3　管理员信息表

字段名称	数据类型	可否为空	说明
adminid	Int(4)	主键	管理员 ID（数据库自动生成）
name	Char(10)	NotNull	管理员登录用户名
password	Varchar(20)	NotNull	管理员登录密码

表 10-4　学生成绩信息表

字段名称	数据类型	可否为空	说明
stuname	Char(10)	主键	学生用户名
subject	Char(10)	主键	学生考试学科
result	Int(4)	Null	总成绩
danxuan	Int(4)	Null	单选成绩
duoxuan	Int(4)	Null	多选成绩
panduan	Int(4)	Null	判断成绩

表 10-5 试题信息表

字段名称	数据类型	可否为空	说明
id	int	主键	试题编号
subject	nvarchar	NOT NULL	科目
type	nvarchar	NOT NULL	试题形式
question	char	NOT NULL	试题题干
text1	char	NULL	供选答案 A
text2	char	NULL	供选答案 B
text3	char	NULL	供选答案 C
text4	char	NULL	供选答案 D
tet5	char	NULL	供选答案 E
text6	char	NULL	供选答案 F
answer	nvarchar	NOT NULL	正确答案
mark	int	NOT NULL	答题标记
nandu	int	NOT NULL	试题难度
qufendu	int	NOT NULL	试题区分度
shijian	float	NOT NULL	答题时间
fenzhi	int	NOT NULL	试题分值
chapt	int	NOT NULL	试题所属章节

表 10-6 考试科目表

字段名称	数据类型	可否为空	说明
id	int	主键	科目编号
exam_subject	nvarchar	NOT NULL	科目名
chapt1	char	NOT NULL	第一章节名
chapt2	char	NOT NULL	第二章节名
chapt3	char	NOT NULL	第三章节名
chapt4	char	NOT NULL	第四章节名
chapt5	char	NULL	第五章节名

10.3 Struts 框架的实现

10.3.1 配置 Struts

在系统的配置文件 WEB.xml 中，对 Struts 进行配置，使用<init-param>配置初始参数，主要用于对 Struts 行为的全局控制，如最主要的 config 参数，指定了 Struts 配置文件的位置。<servlet-mapping>元素的 URL 模式为*.do，表示所有以*.do 结尾的用户请求都会转交给这里定义的名称为 action 的 Servlet 来处理。关键代码如下：

```
<servlet>
    <servlet-name>action</servlet-name>
    <servlet-class>org.apache.struts.action.ActionServlet</servlet-class>
    <init-param>
      <param-name>config</param-name>
      <param-value>/WEB-INF/struts-config.xml</param-value>
    </init-param>
    <init-param>
      <param-name>debug</param-name>
      <param-value>3</param-value>
    </init-param>
    <init-param>
      <param-name>detail</param-name>
      <param-value>3</param-value>
    </init-param>
    <load-on-startup>0</load-on-startup>
</servlet>
```

10.3.2　创建页面

以用户登录页面 login.jsp 为例，具体代码如下：

```
<table bgcolor="#FFFFCC"WIDTH=100% BORDER=0 CELLPADDING=0 CELLSPACING=0> <tr><td
width="50%">系统说明：</td>
<td bgcolor="#FFFFCC">
<form   name="form1" action="login.do" method="post" id = 'loginForm' >
登录账号: <input type="text" name = "userName"><br>
登录密码：<input type="password" name = "password"><br>
用户类型：<select name = 'userType'><option value="0">管理员</option><option value="1">教师
</option><option value="2">学生</option> </select><br>
<input type="button"   value="登录" onclick = "check(form1)" >       
<input type="reset" name="submit2" value="重置">   </form></td></tr> </table>
```

在 login.jsp 中，用“0”，“1”，“2”分别代表不同的用户角色，“0”代表管理员，“1”代表教师用户，“2”代表学生用户。

10.3.3　配置 Action

在 Struts-config.xml 文件中，以登录 Action 为例，具体代码如下：

```
<action name="userForm" path="/login"
        type="com.naruto.struts.action.login.LoginAction">
        <forward name="teachsuc" path="/page/tea/index.jsp"
              redirect="true">
        </forward>
        <forward name="stutsuc" path="/page/stu/index.jsp"
              redirect="true">
        </forward>
        <forward name="adminsuc" path="/page/admin/index.jsp"
              redirect="true">
```

```
        </forward>
    </action>
```

10.3.4 编写 Action 类

仍以登录 Action 类 LoginAction 为例，其代码如下：

```
package com.naruto.struts.action.login;
public class LoginAction extends BaseAction {
    public String exe(BaseForm baseForm, HttpServletRequest request,
            HttpServletResponse response) throws CurrentException {
        UserForm userinfo = (UserForm) baseForm;
        ReturnInfo info = new LoginService().login(userinfo);
        // 将相关信息放入 session
        Object sucInfo = info.getSucList().get(0);
        HttpSession session = request.getSession();
        session.setAttribute(Comm.LOGIN_INFO, sucInfo);
        if (Comm.ADMIN_TYPE.equals(userinfo.getUserType())) {
            return Comm.ADMIN_SUC;
        } else if (Comm.STU_TYPE.equals(userinfo.getUserType())) {
            return Comm.STU_SUC;
        } else {
            return Comm.TEACH_SUC; }
        }
    }
```

为了减少要编写的 Action 数量，本系统中所使用的是 DispatchAction。它通过页面传递的参数调用 Action 中的不同方法，这样可以将与某个实体对象相关联的所有 Action 的处理方法都编写在一个 Action 扩展类中，从而减少 Action 的数量。

自定义的 Action 一般不直接继承 Action 类或 DispatchAction 类，而是首先实现一个自定义的 Action 基类，然后让所有的业务处理 Action 都继承于自定义的 Action 基类。这样可以方便地在自定义的 Action 基类中增加一些 Action 所要使用到的公共处理方法，或者进行一些公共的处理。

本系统在扩展的 Action 类增加了两个方法，都用来设置提示信息。在 Action 中设置一个资源文件中的某个信息到页面通常使用以下步骤：

1）得到当前请求的 ActionMessages 对象。

2）增加新的 ActionMessage 到 ActionMessages 对象的实例。

3）重新绑定 ActionMessages 对象的实例为请求的属性。

扩展 Action 类为 BaseAction 类，关键代码如下：

```
public abstract class BaseAction extends Action {
    public ActionForward execute(ActionMapping mapping, ActionForm form,
            HttpServletRequest request, HttpServletResponse response) {
        BaseForm baseForm = (BaseForm) form;
        PageInfo pInfo = new PageInfo();
        try {
            String result = exe(baseForm, request, response);
            return mapping.findForward(result);
```

```
        } catch (CurrentException e) {
            pInfo.setCu(e);
            request.setAttribute("pageinfo", pInfo);
            return mapping.findForward(Comm.FAIL);
        } catch (Exception e) {
            CurrentException ce = new CurrentException(
                        MessageCode.SYS_EXCEPTION, "sys exception!");
            pInfo.setCu(ce);
            request.setAttribute("pageinfo", pInfo);
            return mapping.findForward(Comm.FAIL);
        }}
    public abstract String exe(BaseForm baseForm, HttpServletRequest request,
            HttpServletResponse response) throws CurrentException;
......
```

10.3.5 编写 ActionForm 类

本项目应用 BaseForm 类和 UserForm 类来实现 ActionMessage 实例化，具体代码如下：

BaseForm 类：

```
public class BaseForm extends ActionForm {
    private String name;
    private String serverName;
    public ActionErrors validate(ActionMapping mapping,
            HttpServletRequest request) {
        return null; }
    public void reset(ActionMapping mapping, HttpServletRequest request) {    }
    public String getName() {
        return name;}
    public void setName(String name) {
        this.name = name;        }
    public String getServerName() {
        return serverName;}
    public void setServerName(String serverName) {
        this.serverName = serverName;}
    }
```

UserForm 类：

```
public class UserForm extends BaseForm {
    private int userID;
    private String userName;
    private String password;
    private String userType;
    private String grade;
    public String getUserType() {
        return userType; }
    public void setUserType(String userType) {
        this.userType = userType;}
    public String getUserName() {
        return userName; }
    public void setUserName(String userName) {
```

```
            this.userName = userName;  }
        public String getPassword() {
            return password; }
        public void setPassword(String password) {
            this.password = password;    }
        public String toString() {
            return BeanUtil.beanToString(this); }
        public int getUserID() {
            return userID;     }
        public void setUserID(int userID) {
            this.userID = userID;  }
        public String getGrade() {
            return grade;         }
        public void setGrade(String grade) {
            this.grade = grade;
……
```

这样当用户提交登录信息后，用户信息就会通过 UserForm userinfo = (UserForm) baseForm 这句代码被传递到 UserForm 对象中，然后就可以对信息进行验证了：ReturnInfo info = new LoginService().login(userinfo);。

LoginService 类中的关键代码如下：

```
public ReturnInfo login(UserForm userForm) throws CurrentException {
        ReturnInfo returnInfo = new ReturnInfo();
        List sucList = new ArrayList();
        if (Comm.ADMIN_TYPE.equals(userForm.getUserType())) {
            SysAdminService service = new SysAdminService();
            SysAdmin sysAdmin = service.qryUserExists(userForm);
            sucList.add(sysAdmin);
        } else if (Comm.TEACH_TYPE.equals(userForm.getUserType())) {
            TeacherService service = new TeacherService();
            Teacher teacher = service.qryUserExists(userForm);
            sucList.add(teacher);
        } else if (Comm.STU_TYPE.equals(userForm.getUserType())) {
            StuService service = new StuService();
            Stu sysAdmin = service.qryUserExists(userForm);
            sucList.add(sysAdmin);
        } else {
            throw new CurrentException(MessageCode.USER_TYPE_ERROR, "用户类型错误");
        }
        returnInfo.setSucList(sucList);
        return returnInfo;
    }
```

在 login 方法中对用户类型进行判断，根据不同的用户类型调用不同的用户验证模块进行验证。下面以管理员验证模块为例，管理员验证模块中包含了两个类 SysAdminService 和 SysAdminUtils，这两个类的功能不仅仅是管理员验证，而是包含了有关管理员信息的所有操作，如管理员修改自己的用户名、密码等，同样有关学生信息操作的类和教师信息操作的类也封装在不同的包中。

SysAdminService 类中的处理代码：

```
public SysAdmin qryUserExists(UserForm info) throws CurrentException {
        SysAdmin sysAdmin = SysAdminUtils.qryAdminDetail(info.getUserName(),
                info.getPassword());
        return sysAdmin;
    }
```

SysAdminUtils 类中的处理代码：

```
public static SysAdmin qryAdminDetail(int userID) throws CurrentException {
    Session session = HibernateSessionFactory.getSession();
    Query q = session.createQuery("from SysAdmin s where    rtrim(s.adminID) = ''    + userID + "");
    List list = q.list();
    session.close();
    if (null == list || 0 == list.size()) {
    throw new CurrentException(MessageCode.USER_NOT_EXISTS, "用户不存在");}
    return (SysAdmin) list.get(0);
}
```

10.4 Hibernate 框架的实现

将 Hibernate 需要使用的包导入到系统中，包括 Hibernate 3.1 Core Libraries 以及相关的 Referenced Libraries。

10.4.1 Hibernate 配置

创建 Hibernate 配置文件 hibernate.cfg.xml，其代码如下：

```
<?xml version='1.0' encoding='UTF-8'?>
<hibernate-configuration>
    <session-factory>
        <property name="connection.username">sa</property>
        <property name="connection.url">
            jdbc:jtds:sqlserver://localhost:1433/naruto
        </property>
        <property name="dialect">
            org.hibernate.dialect.SQLServerDialect
        </property>
        <property name="myeclipse.connection.profile">jtds</property>
        <property name="connection.password">sa</property>
        <property name="connection.driver_class">
            net.sourceforge.jtds.jdbc.Driver
        </property>
        <mapping resource="mapping/stu.hbm.xml" />
        <mapping resource="mapping/sysadmin.hbm.xml" />
        <mapping resource="mapping/teacher.hbm.xml" />
    </session-factory>
</hibernate-configuration>
```

10.4.2 映射文件

持久化类映射文件的配置基本相同，在这里管理员类的映射文件示例如下：

```
public class SysAdmin {
    private int adminID;
    private String name;
    private String password;
    public String getName() {
        return name;    }
    public void setName(String name) {
        this.name = name;     }
    public String getPassword() {
        return password; }
    public void setPassword(String password) {
        this.password = password;}
    public int getAdminID() {
        return adminID; }
    public void setAdminID(int adminID) {
        this.adminID = adminID;}
    public String toString() {
        return BeanUtil.beanToString(this);
……
```

与其对应的映射文件为 sysadmin.hbm.xml，内容如下：

```
<hibernate-mapping package="mapping">
    <class name="com.naruto.info.SysAdmin" table="sysadmin">
        <id name="adminID" type="java.lang.Integer" column="adminid" >
            <generator class="increment" />
        </id>
        <property name="name" column="name" type="string"
            not-null="true" length="10" />
        <property name="password" column="password" type="string"
            not-null="false" length="20" />
    </class>
</hibernate-mapping>
```

10.5 关键实现和效果

10.5.1 教师试题管理

教师试题管理包括题库管理，试题查看、增加、删除等操作，其中题库管理主界面如图 10-2 所示，教师可以进行查看试题（如图 10-3 所示）、删除、添加试题（如图 10-4 所示）等操作。

查看原题功能关键代码如下：

```
<%
  Connection con;
  Statement sql;
  ResultSet rs;
```

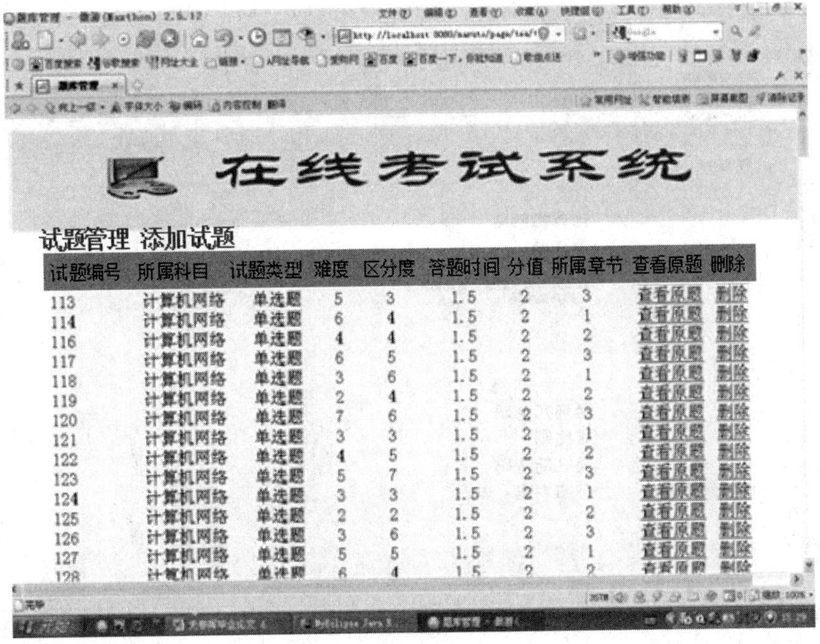

试题编号	所属科目	试题类型	难度	区分度	答题时间	分值	所属章节	查看原题	删除
113	计算机网络	单选题	5	3	1.5	2	3	查看原题	删除
114	计算机网络	单选题	6	4	1.5	2	1	查看原题	删除
116	计算机网络	单选题	4	4	1.5	2	2	查看原题	删除
117	计算机网络	单选题	6	5	1.5	2	3	查看原题	删除
118	计算机网络	单选题	3	6	1.5	2	1	查看原题	删除
119	计算机网络	单选题	2	4	1.5	2	2	查看原题	删除
120	计算机网络	单选题	7	6	1.5	2	3	查看原题	删除
121	计算机网络	单选题	3	3	1.5	2	1	查看原题	删除
122	计算机网络	单选题	4	5	1.5	2	2	查看原题	删除
123	计算机网络	单选题	5	7	1.5	2	3	查看原题	删除
124	计算机网络	单选题	3	3	1.5	2	1	查看原题	删除
125	计算机网络	单选题	2	2	1.5	2	2	查看原题	删除
126	计算机网络	单选题	3	6	1.5	2	3	查看原题	删除
127	计算机网络	单选题	5	5	1.5	2	1	查看原题	删除
128	计算机网络	单选题	6	4	1.5	2	2	查看原题	删除

图 10-2　题库管理主界面

```
try{
  Class.forName("oracle.jdbc.driver.OracleDrive");
}
catch(ClassNotFoundException e)
{ out.print(e); }
try{
  con=DriverManager.getConnection("jdbc:oracle:thin:@localhost:1521:XE ","shiy","******");
  sql=con.createStatement();
  rs=sql.executeQuery("SELECT * FROM exam_database");
 while(rs.next()){
<tr align="center">
<td height="22" align="left"><%String textid=rs.getString(1);
out.print(textid);
%></td>
<td ><%=rs.getString("subject")%></td><td ><%=rs.getString("type")%></td>
<td ><%=rs.getString("nandu")%></td> <td ><%=rs.getString("qufendu")%></td>
<td ><%=rs.getString("shijian")%></td><td ><%=rs.getString("fenzhi")%></td>
<td ><%=rs.getString("chapt")%></td>
<td><a href="showtext.jsp?cname=<%=textid%>" target=_blank >查看原题</a></td>
}%>
<td><a href="deltext.jsp?tid=<%=textid%>">删除</a></td>
```

删除试题关键代码如下：

```
<%
  …//数据库连接
      rs=sql.executeQuery("SELECT * FROM exam_database where id="+textid);
    while(rs.next()){%>
  <tr><td>试题编号</td><td><%=textid %></td>
  </tr>
  <tr><td>试题学科</td><td><%=rs.getString("subject")%></td>
```

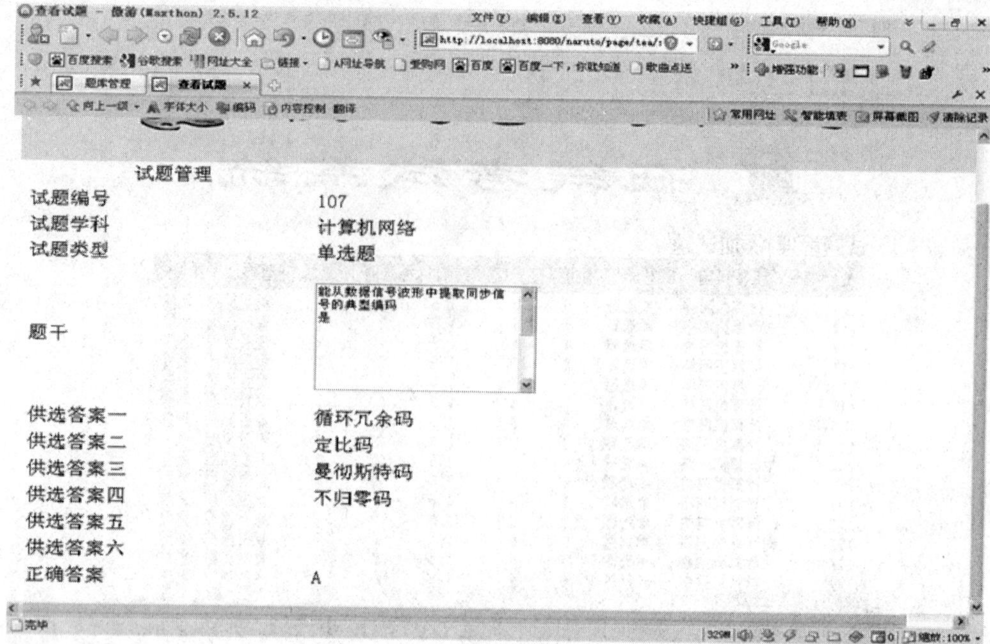

图 10-3 查看试题界面

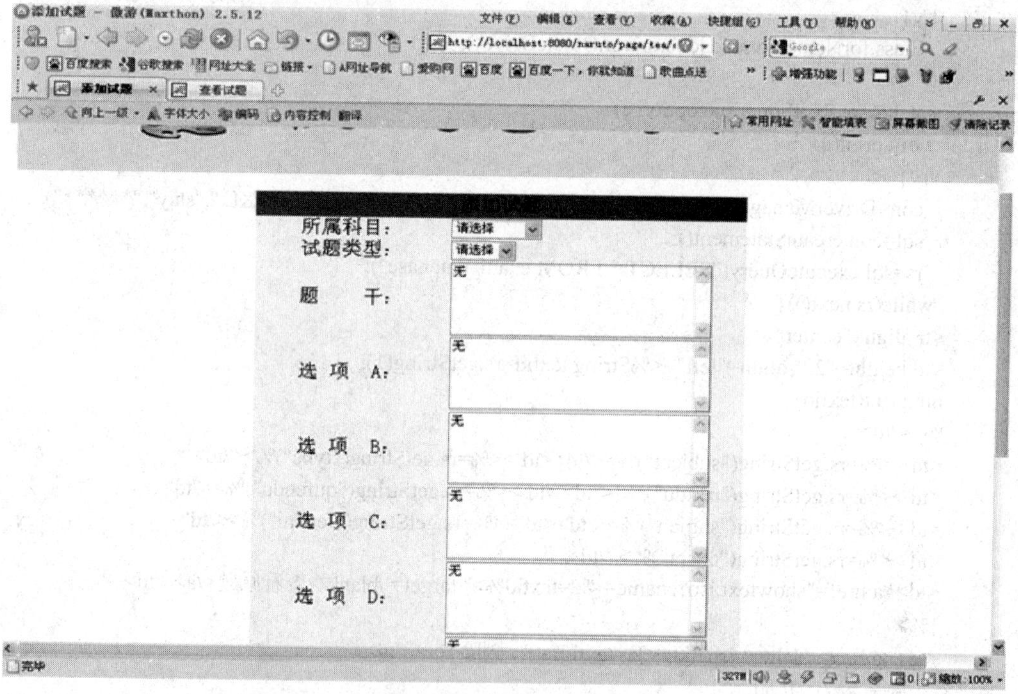

所属科目： 请选择
试题类型： 请选择
题 干： 无
选 项 A： 无
选 项 B： 无
选 项 C： 无
选 项 D： 无

图 10-4 添加试题界面

添加试题关键代码如下：

```
Connection con;
…//数据库连接
    sql.executeUpdate("INSERT INTO exam_database VALUES('"+subject+"','"+type+"','"+question+"','"
    +text1+"','"+text2+"','"+text3+"','"+text4+"','"+text5+"','"+text6+"','"
```

```
+answer+"','0','"+nandu+"','"+qufendu+"','"+shijian+"','"+fenzhi+"','"+
chapt+"')");
out.print("<script>alert('添加成功！');document.location='text.jsp';</script>");
```

10.5.2 试卷自动生成

本节实现了一个较成熟的试卷自动生成算法，在此不再赘述；读者也可以选择更好的算法以替换本程序。其效果如图 10-5 和图 10-6 所示。

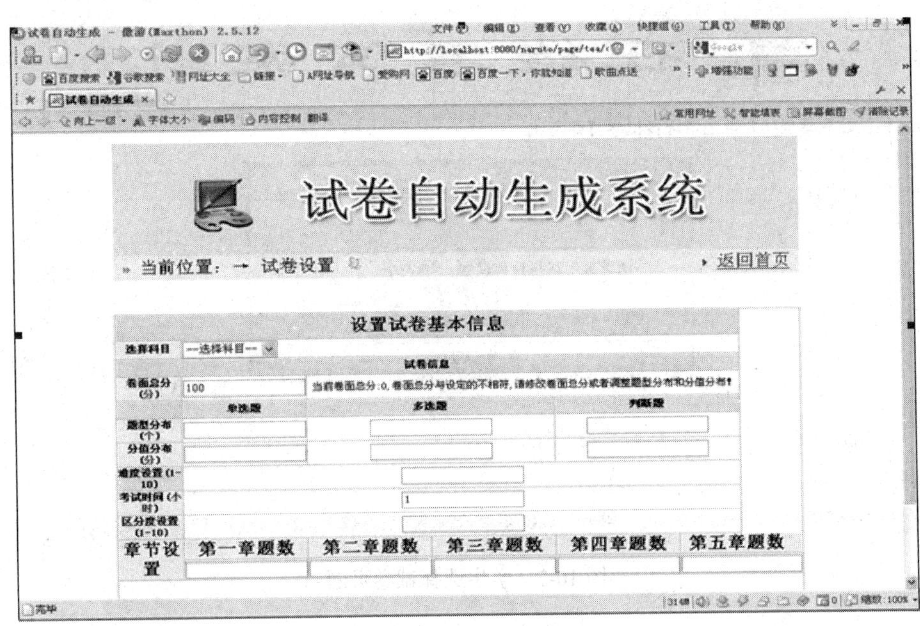

图 10-5 生成试卷页面

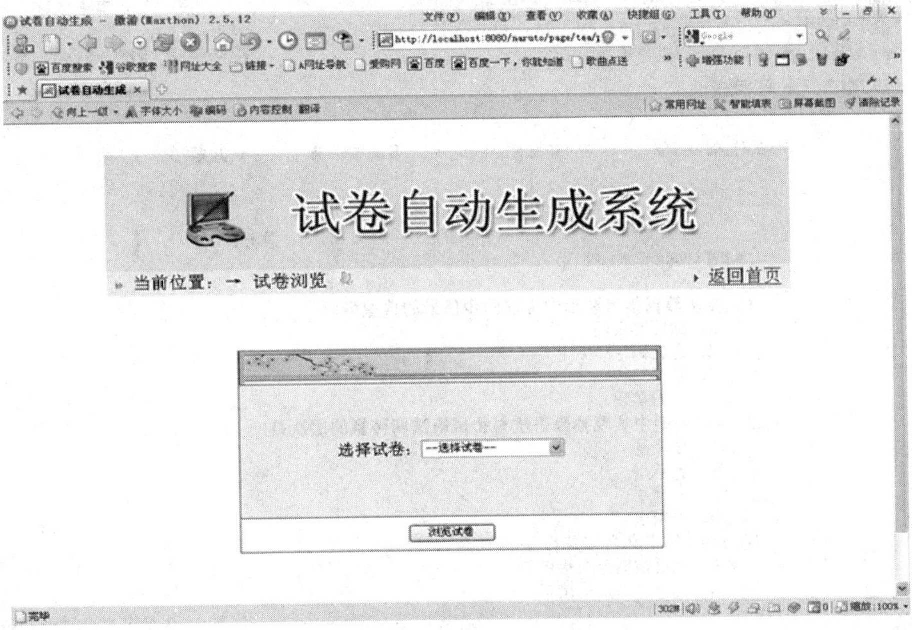

图 10-6 浏览试卷页面

10.5.3 学生在线考试

学生登录成功后进入选择试卷页面（如图 10-7 所示），即可进行在线考试（如图 10-8 所示）。

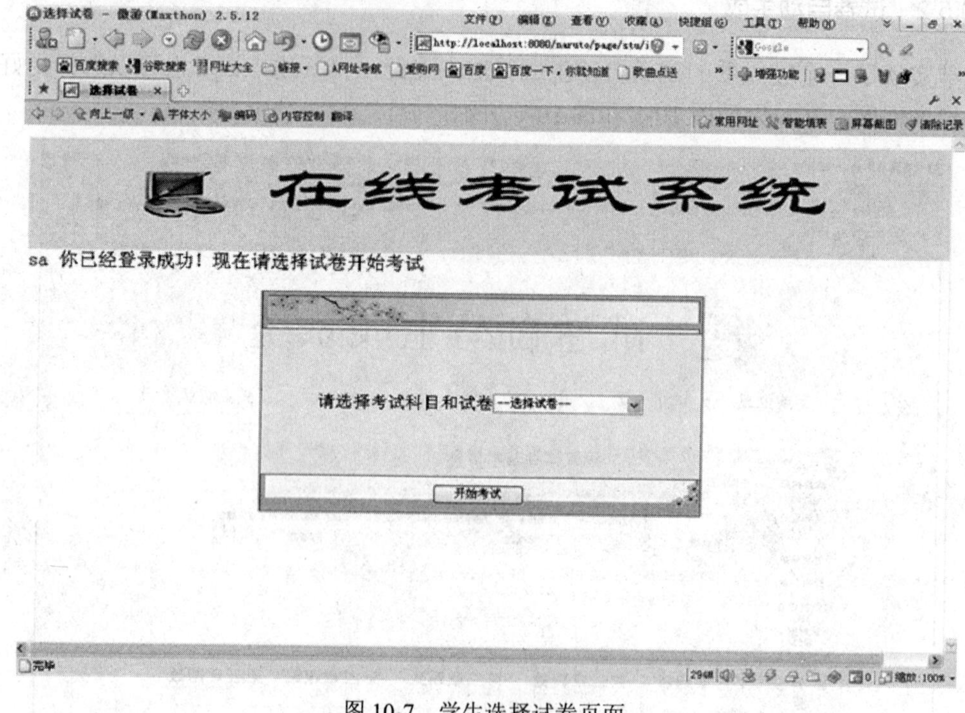

图 10-7 学生选择试卷页面

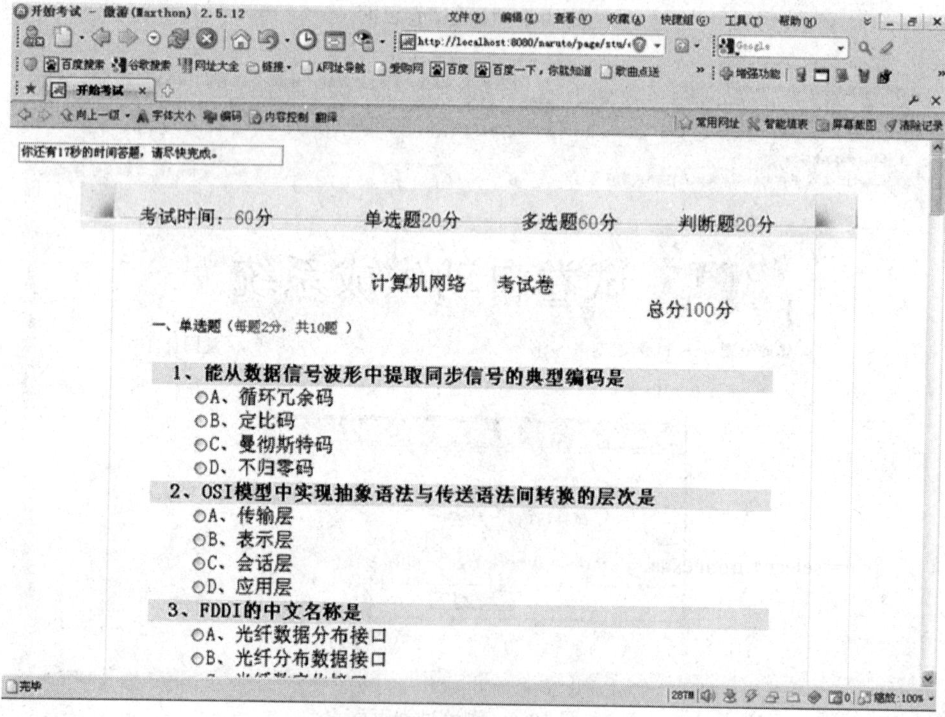

图 10-8 学生在线考试页面

关键代码如下：

```
……
    <%   ResultSet rs=conn.executeQuery("select * from exam_test");
    while(rs.next())
    {
      %>
     <option value="<%=rs.getString("testid")%>"><%=rs.getString("testid")+" "+rs.getString("subject")
     %></option>
     <%}
     rs.close();
     conn.close();%>
     </select>
     <input type="hidden" name="name" value=<%=name%>>
     <input type=submit value="  开始考试  " name="B3" class="s02"   /></td>
……
```

学生选择了要参加的考试科目的试卷后就可以进行在线考试了，在学生进入在线考试页面的同时，考试时间倒计时开始。

关键代码如下：

```
……
<SCRIPT language="JAVAScript">
var myTime="20";                    //设置剩余的秒数
function calTime(){
    if (myTime==1)
        document.form1.submit()        //在这里调用触发提交方法
    else{
        myTime-=1;          //开始倒数时间
        cursec=myTime;   //当前剩余秒数
        curtime="你还有"+cursec+"秒的时间答题，请尽快完成。";
        setTimeout("calTime()",1000);               //设置定时器，不断变化提示时间
        document.form1.txttime.value=curtime;    //在文本框中显示剩余时间
      }
}
</SCRIPT>
……
<table border="0" cellspacing="0" style="border-collapse: collapse" bordercolor="#111111" width="90%"
id="AutoNumber1" align="center">
    <tr> <td width="100%" height="23" style="font-size:11pt;"  >一、单选题（<font color=red>每题
<%=singleper%>分，共<%=singlecount%>题</font> ）</td> </tr>
  </table> <br/> <%
    for( i=0;i<singlecount;i++)
    {
        sql="select * from exam_database where ID="+subjectid[i]+"";
          rs=conn.executeQuery(sql);
          if(rs.next()){
     %>
 <table border="0" cellspacing="1" style="border-collapse: collapse" bordercolor="#C0C0C0" width="90%"
id="AutoNumber2" cellpadding="0" align="center"
```

```
<tr> <td width="100%" bgcolor="#EFEFEF" height="20">  <b><%=i+1%>、
<%=rs.getString("question")%></b></td> </tr>
<% if (!(rs.getString("text1")).trim().equals("")) { %>
<tr><td    width="100%">    <input    type="radio"    name="radio<%=i%>"
class="noborder" value="A"/>A、<%=rs.getString("text1")%></td></tr>
<%   }   %> <%    if (!(rs.getString("text2")).trim().equals("")) { %>
<tr><td    width="100%">    <input    type="radio"    name="radio<%=i%>"
class="noborder" value="B"/>B、<%=rs.getString("text2")%></td></tr>
<% }%> <% if (!(rs.getString("text3")).trim().equals("")) { %>
<tr>    <td  width="100%">    <input  type="radio"  name="radio<%=i%>"
class="noborder" value="C"/>C、<%=rs.getString("text3")%></td></tr>
<%   }   %> <%   if (!(rs.getString("text4")).trim().equals("")) { %>
<tr><td    width="100%">    <input    type="radio"    name="radio<%=i%>"
class="noborder" value="D"/>D、<%=rs.getString("text4")%></td></tr>)
……
```

10.6 本章小结

本章基于 MVC 模式，开发了一个基于 SSH 架构技术的 Web 数据库应用系统——在线考试系统，该系统由三个主要的子系统来实现。系统主要提供教师关于考试的管理，如对考生进行注册，试题管理、试卷信息管理、成绩查询，自动生成试卷等。然后是考试管理子系统，考生输入正确的用户名和密码登录系统，抽取试题，之后倒计时进行考试。最后一个为评分系统，可以根据考生的答案，给出分数。

经过本章项目实训，使读者能运用框架技术开发 J2EE 的 Web 应用系统，进一步了解开发基于 Web 应用程序的基本思路和框架，掌握该领域的一些关键技术，具备独立开发 Web 应用程序的能力。

读者可在本章基础上，进一步改进和完善本系统，如完善对题库题型的引用、引入客观题题型等。

后记

从 2009 年 12 月初稿的形成，到 2013 年的付诸出版；本教材经历了四个学期、三位授课教师教学实践的考验，教学效果得到了学校的一致表扬和学生的广泛认可。经过几番改进，我们认为到了本教材面世的时候了。

本书特点不言自明，贴近教学实际，围绕学生需求，以知识点为纲，以项目实训为目。在实训项目选择上，本书力求样例通俗易懂，不需要复杂的模型和数据库设计，比如选择成绩管理、邮件、考试系统等既常用又容易理解的实例。每个项目实训以“整体描述”、“全局和数据库设计”、“效果和关键实现”等为纲安排内容，使读者能清楚每一个项目实施的具体步骤，便于接受、分析和解决问题。

本书既可以作为各门课程的配套实训教材，也可以作为参考书和课后练习用书。通过本书的出版，我们希望能够得到广大读者的关注和反馈，从而共同推进我国高校、特别是应用型本科计算机软件方向专业人才的培养建设。

本教材是“人才培养模式研究”课题结项成果的一部分。在此要感谢江苏省“青蓝工程”项目，南京师范大学泰州学院教学项目的资助。参加本书编写和教学实践的还有南京师范大学泰州学院的王自然、吉晓香、孙秋凤、李霞等多年在一线教学的教师，在此一并表示感谢。

2013 年 8 月

参考文献

[1] Andrea Steelman. Murach's Java Servlets and JSP[M]. Mike Murach & Associates, 2000.

[2] 刘聪等．零基础学 Java Web 开发[M]．北京：机械工业出版社，2003.

[3] [美] Marty Hall, Larry Brown. Servlet 与 JSP 核心编程（第二版）[M]．北京：清华大学出版社，2004.

[4] 梁立新．项目实战精解基于 Struts+Spring+Hibernate 的 Java 应用开发[M]．北京：电子工业出版社，2006.

[5] Brett Spell. Pro Java Programming. Second Edition[M]．北京：清华大学出版社，2006.

[6] Bruce Eckel. Thinking in Java(4 th Edition) [M]．北京：机械工业出版社，2007.

[7] 李钟尉，周小彤，陈丹丹等．Java 从入门到精通（第 2 版）[M]．北京：清华大学出版社，2007.

[8] Bert Bates. Head First Servlets & JSP:Passing the Sun Certified Web Component Developer Exam[M]. O'Reilly Media, 2007.

[9] 孙鑫．Servlet JSP 深入详解：基于 Tomcat 的 Web 开发[M]．北京：电子工业出版社，2008.

[10] 司德睿．基于文本内容的网页过流技术研究[D]．兰州：兰州大学，2008.

[11] 邬继成．J2EE 开源编程精要 15 讲：整合 Eclipse、Struts、Hibernate 和 Spring 的 Java Web 开发[M]．北京：电子工业出版社，2008.

[12] 王国辉等．Java Web 开发实战宝典[M]．北京：清华大学出版社，2008.

[13] 李兴华，王月清．Java Web 开发实战经典基础篇[M]．北京：清华大学出版社，2008.

[14] 刘晓华，张健，周慧贞．JSP 应用开发详解（第 3 版）[M]．北京：电子工业出版社，2008.

[15] [美]威尔顿，麦可匹克.JavaScript 入门经典（第 3 版）[M]．北京：清华大学出版社，2009.

[16] 斯琴巴图等．SQL 技术与网络数据库开发详解[M]．北京：清华大学出版社，2009.

[17] 帕特里克（Patrick.J.J.），刘红伟，董民辉．SQL 编程基础（原书第 3 版）[M]．北京：机械工业出版社，2009.

[18] 孙卫琴．精通 Hibernate：Java 对象持久化技术详解[M]．北京：电子工业出版社，2010.

[19] 吴彦．基于 J2EE 系统设计模式[J]．电脑知识与技术，2010.6(30):8443-8445.

[20] 韦拉（Robert Vieria），杨大川，孙皓，马煜．SQL Server 2008 编程入门经典（第 3 版）[M]．北京：清华大学出版社，2010.

[21] 黄云梯．管理信息系统[M]．北京：高等教育出版社，2008.

[22] 张海藩．软件工程导论[J]．北京：清华大学出版社，2003.

[23] 张红斌．JBuilder 9 集成开发实例解析[]．北京机械工业出版社，2004.

[24] JavaEye 中国最大的 Java 技术社区 http://www.javaeye.com.

[25] Java EE 技术社区 http://www.j2eedve.com/.